Misconceptions about plants

일러두기

이 책의 식물명은 국가표준식물목록(nature.go.kr)과
국제식물명색인(International Plant Names Index, IPNI)에
의거해 표기했습니다.

이소영 지음

식물에 관한 오해

Misconceptions about plants

위즈덤하우스

CHAPTER. 1

식물에 관한 오해

CHAPTER. 2

식물을 바로 바라보기

CHAPTER. 3

식물의 힘

CHAPTER. 4

식물과 함께하는 생활

들어가며

6년 전, 한 기관으로부터 식물 기록 프로젝트를 협업하여 진행하고 싶다는 연락을 받았습니다. 제안을 수락하고 두어 달간 그 기관의 정원을 방문해 식물을 관찰했습니다. 그러던 어느 날 담당자가 저에게 말하더군요. 상부에서 식물과 관련된 프로젝트 진행을 꺼려 하기에 프로젝트를 중지해야겠다고요. 식물의 약하고 수동적인 이미지가 기관 이미지에 좋지 않은 영향을 끼칠까 봐 내린 결론이라고 그는 말했습니다. 그렇게 프로젝트는 마무리가 되었습니다.

그곳 정원의 식물을 더 이상 만날 수 없다는 것이 이내 실망스러웠지만, 한편으론 다행이라고 생각했습니다. 식물을 연약하고 수동적이라고 생각한다는 건 식물이란 생물을 제대로 이해하지 못한다는 방증이며, 그렇다면 그 기관은 애초에 식물로부터 어떠한 혜택도 기대할 자격이 없다는 데 생각이 미쳤기 때문입니다.

그동안 제가 만나온 식물은 누구보다 치열하게 살며, 땅에 고정되어 있을 뿐 빠르게 형태를 변화시키고, 번식을 위해 누구보다 삶에 열정적으로 임하고 있었습니다. 심지어 어떤 면에서는 교묘하게 공격적이기까지 한 생물입니다.

식물을 기록해온 지난 16년간 저는 식물에 관한 크고 작은 오해와 편견을 맞닥뜨려왔습니다. 식물이 약하고 존재감 없는 존재라는 오해부터 식물을 틀린 이름으로 부르거나, 식물의 형태를 오인하고, 또 가끔은 콘크리트 틈새의 제비꽃을 함부로 불쌍히 여기는 장면을 마주하기도 했습니다.

이 책은 식물 가까이에서 살며 제가 직접 경험해온, 식물에 관한 오해와 편견에 관한 이야기입니다. 오해받는 대상은 식물이지만 오해하는 당사자는 우리 인간이기에, 이것은 식물의 이야기이자 바로 우리의 이야기라고도 할 수 있겠습니다.

이 마흔아홉 가지 식물의 이야기가 부디 식물을 향한 기존의 시선에서 벗어나, 그들을 제대로 바라보고 이해하는 데 작은 이정표가 되기를 소망합니다.

오늘 아침, 작업실 근처의 느티나무 한 그루를 찾았습니다. 이 나무는 한자리에서 오백 년을 넘게 살아왔습니다. 그간 임진왜란과 6 · 25전쟁 등을 거치며 주변 건축물은 모두 불에 타 전소되고 사람들은 죽었지만, 이 느티나무만은 살아남아 제 눈앞에 서 있습니다.

느티나무를 보며 생각했습니다. 지금으로부터 50년, 혹은 100년이 지났을 때 여전히 살아 있을 것은 저 높은 고층 빌딩도, 저도 아닌 이 느티나무일 것이라고요. 최후에 남는 존재가 승리자라면, 이 땅의 승리자는 식물일지도 모르겠습니다.

CHAPTER. 1

Taraxacum officinale F.H.Wigg.
Syringa pubescens subsp. *patula* 'Miss Kim'
Elaeagnus umbellata Thunb.
Prunus subhirtella 'Autumnalis Rosea'
Paeonia lactiflora Pall.
Zamioculcas zamiifolia Engl.
Hibiscus syriacus L.
Pseudocydonia sinensis (Thouin) C.K.Schneid.
Sasa quelpaertensis Nakai
Ficus carica L.
Daucus carota L. subsp. *sativus* (Hoffm.) Arcang.
Abies holophylla Maxim.

식물에 관한 오해

도시 틈새 식물의 선택

도시의 식물은 인간이 원하는 공간에서 살아간다. 아파트 화단, 길가의 가로수, 공원의 정돈된 정원. 그러나 예상외의 장소 이를테면 깨진 보도블록, 갈라진 콘크리트와 아스팔트 틈새, 건물 벽돌 사이와 같은 곳에서도 식물은 살아간다.

언젠가 길을 걷는데 동행인이 콘크리트 균열 틈새에서 피어난 서양민들레 꽃을 가리키며 이들이 너무 불쌍하다고 말했다. 그렇게 사람들이 틈새 식물을 동정하고, 그 존재에게 자신을 투영하는 경우를 수없이 지켜보면서 나는 문득 의문이 들었다. 도시 균열이나 틈새에 사는 식물이 정말 우리의 생각만큼 불행할까.

이런 생각을 하게 된 배경엔 어떤 반발심도 있었던 것 같다. 식물이 틈새 공간에 살게 된 것은 이들이 원래 편히 살았어야 할 흙 위에 콘크리트와 아스팔트를 부은 인간의 욕망이 그 원인인데, 그런 인간이 틈새 식물의 안위를 걱정하고 자신을 투영해 연민하는 것이 관조적으로 느껴졌기 때문이다. 사람들은 자주 식물에 자신을 투영하고 대상화하며, 또 많은 경우 눈에 낯설다는 이유로 함부로 불쌍히 여기고 동정하려든다.

식물에게 행복이란 무엇일까. 나는 매일 식물을 관찰하며 이 질문을 던진다. 내가 남기는 기록이 궁극적으로는 식물종 보존 그리고 식물의 행복으로 이어지기를 바라는 마음에서다. 그러나 나는 식물이 아닌 인간이기 때문에, 인간의 시선으로 식물의 행복을 추측할 수밖에 없다. 인간의 행복의 조건에 대해서는 어느 정도 알 것 같다. 원하는 만큼의 물질을 취할 수 있고 또 원하는 만큼의 사랑과 존경, 인정을 받는 것이 인간이 바라는 행복 아닐까. 이 기준으로 틈새의 식물을 내려다보면 그들이 불행해 보일 수도 있다.

일본의 식물 연구가인 쓰카야 유이치(『스키마의 식물도감』 저자)는 수년간 일본의 도시 틈새 식물을 사진으로 기록해왔다. 그렇게 오랜 시간 식물 사진을 엮고 지켜봐온 그는 식물이 틈새 공간을 안락하게 누리고 있다는 결론을 내렸다. 그의 주장대로라면 틈새 식물들에게는 적어도 스스로 틈새에 뿌리내리기를 선택할 자유가 있다. 그렇기에 이미 수많은 식물이 도시 틈새를 선택, 정착해 살아가고 있다는 것이다. 이러한 시각으로 바라본다면 우리 주변의 실내 화분, 가로수, 꽃시장이나 꽃집에 놓인 식물들에게는 스스로 번식하고 살아갈 자유가 없다. 오로지 인간이 원하는 장소에 놓이고, 인간의 손길에 의해 생과 사가 결정된다. 적어도 틈새의 식물은 스스로의 선택으로 뿌리를 내려 스스로 살아간다.

쓰카야의 의견을 떠올리며 나는 틈새라는 공간을 다시 생각하게 됐다. 틈새는 위에서 내려다보면 매우 비좁아 보이지만 일정 두께를 지닌 콘크리트나 아스팔트 아래로 내려가 보면 흙과 모래가 펼쳐져 있다. 우리 눈에 보이지 않는 이 공간은 식물이 뿌리를 내리기에 무리가 없다. 주변 경쟁 식물이 없기 때문에 햇빛을 받는 양 또한 도시 여느 화단보다 넉넉하다. 식물에게 가장 중요한 것은 광합성인데, 그 틈새에서 그들은 원하는 만큼 광합성을 할 수 있다.

서양민들레가 주변 식물의 방해를 받지 않고 로제트 잎을 널찍이 내밀 수 있는 공간 역시 혼자만의 안락한 틈새다. 그뿐만 아니라 비가 내리면 좁디좁은 틈새로 빗물이 모여 취할 수 있는 수분의 양도 충분하다. 그러니 서양민들레, 괭이밥, 제비꽃, 꽃마리, 쇠별꽃 등 도시 적응력이 높은 식물들이 계속 틈새를 선택해 뿌리내리는 것이다.

자유로이 광합성을 하고 뿌리를 내딛고 싶은 만큼 내딛고, 수분과 양분을 원하는 대로 흡수해 꽃을 피우다 사람들 눈에 띈 틈새 식물들. 더 이상 도시살이를 피할 수 없는 식물들에겐 최선의 삶의 형태였을 것이다. 어쩌면 저 먼 열대우림에서 한국으로 옮겨져 건조한 실내에서 햇빛과 물을 충분히 받지 못하며 살아가는 우리 가까이의 실내 분화 식물들이 사실은 더 불행할지도 모를 일이다. 우리는 내 영역 안에서 존재의 행복을 자신하고, 낯설고 먼 존재의 불행을 지레짐작하지만 말이다.

매일 아스팔트를 딛고 사는 우리에게 틈새는 균열의 결과물이자 고쳐야 할 오점이다. 그러나 인간 외의 생물들에게는 도시라는 공간, 콘크리트와 아스팔트 자체가 불필요하고 거추장스러울 따름이다. 균열로 드러난 틈새야말로 인간을 제외한 생물들이 필요로 했던, 진작 드러났어야 했던 공간인 것이다.

사람들은 지금 이 순간에도 다른 사람의 손을 빌려 매일 나무를 베고 흙을 옮겨와 메꾸고, 그 위에 콘크리트와 아스팔트를 부어 편히 디딜 바닥을 만든다. 이 땅에서 식물은 어디로 가야 할까. 식물에게 진정 필요한 것은 인간의 일회성 동정이 아니라, 무자비한 개발 이후 행동으로 보이는 인간의 반성이 아닐까 싶다.

괭이밥은 땅속줄기를 옆으로 퍼뜨려 영역을 넓히기 때문에
도시 틈새 환경에서도 잘 살아간다.

도시 한가운데로 봄을 부르는 라일락

초봄, 국립중앙박물관 정원의 미선나무 군락 앞에서 만개한 꽃을 바라보고 있었는데, 그 옆을 지나던 관람객들이 말했다. "어머 라일락 향기인가 봐. 향기가 정말 짙다." 관람객들이 가리키는 향기는 분명 미선나무의 것이었으나, 모두 봄바람에 딸린 짙은 꽃 향기의 주인공을 라일락이라 추측하고 있었다.

라일락은 우리 주변 아파트, 학교, 관공서의 화단, 공원, 식물원 등에서 흔히 만날 수 있는 나무다. 이들은 이른 봄 가지 끝에 보라색 꽃이 가득 달린 꽃차례를 매단다. 그러나 라일락은 꽃의 형태보다 향기로 존재감을 드러낸다. 개화 내내 상큼하고 화려하면서도 짙은 꽃 향을 내뿜기 때문이다.

아까시나무의 꽃 향이 도시 숲에 봄을 부른다면, 라일락은 도시 한가운데에 봄을 부른다. 우리에게 봄을 느끼게 하는 정체가 따스하게 간질거리는 봄바람인지, 향긋한 꽃 내음인지 정확히는 알 수 없으나 분명한 것은 라일락이 강한 향기를 내뿜는 이유는 동물들을 불러들여 번식하기 위해서다.

라일락은 서양수수꽃다리를 가리키지만, 수수꽃다리속 전체를 아우르는 가족 이름이기도 하다. 수수꽃다리속 식물은 전 세계적으로 25~30종가량이 분포하며, 이로부터 2만 5천여 품종이 육성됐다. 라일락이라 하면 흔히 보라색 꽃을 떠올리지만, 라일락 중에는 흰색, 분홍색, 파란색 그리고 노란색 꽃도 있다. 라일락 '프림로즈'(*Syringa vulgaris* 'Primrose')는 히어리의 꽃 색과 비슷한 연노란색 꽃을 피운다.

우리 숲에도 다양한 수수꽃다리속 식물이 산다. 수수꽃다리와 개회나무, 버들개회나무, 꽃개회나무, 털개회나무 등이 중북부 산지와 석회암지대에 분포하며, 증식돼 라일락이란 이름 아래 도시 정원과 화단에도 심어진다.

어느 해인가 이맘때의 계절, 우리나라에 여행 온 미국인 친구와 동네 공원을 산책하다가 털개회나무에 꽃이 핀 모습을 같이 본 적이 있다. 그에게 우리 앞의 식물이 라일락의 일종임을 말해주었더니, 본인의 할머니가 라일락을 가장 좋아하셨다며 나에게 어릴 적 할머니 정원에서 본 라일락 이야기를 해주었다. 그러면서 미국 사람들에게 라일락은 어릴 적 추억을 떠올리게 하는 나무라고 말했다. 나에게도 봉선화, 맨드라미처럼 어릴 적 추억을 떠올리게 하는 식물이 있는데, 아마 라일락도 미국인들에게 옛 정취를 느끼게 하는 식물인가 보다.

작년 한 해 동안 식물 조사를 위해 오가던 정원에도 털개회나무 다섯 그루가 심겨 있었다. 그러나 이들 이름표에는 정향나무라는 이름이 적혀 있었다. 정원의 수수꽃다리속은 식별이 잘 되지 않아, 그저 라일락이라는 이름으로 뭉뚱그려 불리는 경우가 많다.

우리나라에 분포하는 종만 해도 서양의 라일락 못지않은 향과 아름다움을 자랑한다. 1947년, 미국의 식물채집가 엘윈 미더 Elwyn Meader는 북한산국립공원에서 발견한 털개회나무를 채취해 미국으로 가져가 개량했는데, 이것이 미스김라일락이다. 미스김라일락은 특유의 진한 향으로 라일락 재배종 중 가장 인기가 있다. 이들 존재가 너무 유명해져 봄만 되면 서양의 식물 커뮤니티에는 한국산 라일락을 어떻게 재배하면 되는지, 한국의 라일락에서는 어떤 향기가 나는지에 관한 질문이 올라온다. 우리는 이 질문에 쉬이 답할 수 있는 혜택을 누리고 있는 셈이다. 연구에 따르면 식물에서 나는 향기의 강도는 식물의 종 혹은 품종, 개화가 얼마나 진행됐는지 그리고 기상 조건과 하루 중 언제 향을 맡는지, 냄새에 대한 당사자의 민감도 등의 조건에 따라 달라진다고 한다. 라일락은 햇빛을 특히 좋아하기 때문에 따뜻하고 햇볕이 강한 봄날 꽃향기가 가장 짙다. 반대로 추운 봄날엔 상대적으로 향기가 옅어질 수 있다.

수수꽃다리속 식물은 향기만 강한 것이 아니라 강건하고 오래 살기까지 한다. 영하 60도에서도 살 수 있으며, 나무의 크기는 작은 편이지만 100년을 넘게 산다. 다시 말해 라일락을 정원에 심고 관리하는 인간보다 나무가 정원에 더 오래 남아 있을 확률이 높다는 말이다. 유럽 시골 마을에서 오래 관리되지 않은 라일락 나무를 본다면 그곳에 지난 세대의 보금자리가 있었을 가능성이 높다.

미선나무 꽃이 질 때쯤, 수수꽃다리속 식물들은 향기로운 꽃을 피우기 시작한다. 길어야 3주가량 꽃을 피울 테지만 우리에게 이 시간은 여느 때와 마찬가지로 눈 깜짝할 새일 것이다. 그러니 이 계절을 누리자. 잠시 외근 나온 직장인들에게, 늦은 저녁 집으로 돌아가는 학생들에게 봄바람을 타고 불어오는 라일락 향기가 잠시나마 고단한 현실을 잊고 봄을 느끼게 해준다면, 라일락은 이 도시에서의 역할을 충분히 다한 것이 아닐까 싶다.

한국에 자생하는 수수꽃다리속 중 한 종인 털개회나무.
세계적으로 인기 있는 '미스김라일락'의 원종이다.
털개회나무의 열매는 여름에 연두색으로 자라 가을이 되면
갈색으로 익는다. 열매 안에는 달걀형의 납작한 씨앗이
들어 있다.

'보리수'라는 이름에 얽힌 오해

지난봄 서울의 한 박물관에서 불교를 주제로 한 전시를 관람했다. 집으로 돌아가려고 전시관을 나오던 길에 우연히 벽에 붙은 홍보 포스터를 발견했다. 관내 카페에서 부처가 깨달음을 얻을 당시 매개가 된 보리수나무의 열매로 음료를 만들어 판매한다는 내용이었다. 이런 귀한 기회를 놓칠 수 없다는 생각에 곧장 카페로 들어가 음료를 시켰다. 그런데 그 음료에는 상상한 것과는 전혀 다른 모습의 식물 열매가 들어 있었다. 부처가 깨달음을 얻은 보리수와는 전혀 관련이 없는, 우리나라에서 흔히 재배되는 붉은 보리수나무 열매였던 것이다.

몇 년 전 충청도의 한 식물원에서도 비슷한 경험을 했다. 너른 온실에 불교의 인도보리수가 전시돼 있었는데, 관람객들은 그 나무 앞에 서서 우리가 늘 먹어온 붉은 보리수나무 열매의 주역이 이 나무인지 아닌지 열띤 토론을 벌이고 있었다.

이렇듯 보리수나무는 정체성을 자주 오해받는다. 아무래도 그 이름, 즉 식물명 때문이다. 식물의 이름에는 우리나라에서만 통용되는 국명, 영어권에서 쓰이는 영명과 같은 보통명이 있다. 어렸을 때부터 열매를 먹어온, 우리에게 익숙한 '보리수나무'라는 이름은 우리나라에서만 통하는 이름이다. 이 이름은 봄에 열리는 열매를 보고 그해의 보리 수확량을 추측한다는 데에서 붙여진 것으로 알려진다.

반면 부처를 깨달음에 닿게 한 나무의 국명도 보리수나무다. 그래서 둘은 자주 같은 식물로 오해받는 것이다. 결국 학계에서는 두 종이 헷갈리는 것을 방지하기 위해 부처의 보리수를 '인도보리수'라는 국명으로 추천하기 시작했다.

보통명의 경우, 식물 한 종당 단 하나의 이름이 아니라 여러 개가 존재할 수 있으며, 지역에 따라 전혀 다른 이름으로 불릴 수도 있고, 전혀 다른 두 종의 이름이 같을 수도 있다. 그러나 세계에서 통용되는 과학적인 이름인 학명은 다르다. 우리나라에 자생하는 보리수나무의 학명은 '*Elaeagnus umbellata* Thunb.'이며, 부처가 깨달음을 얻은 인도보리수는 학명이 '*Ficus religiosa* L.'이다. 한 종의 식물에게는 단 하나의 학명만 있기에, 학명만으로도 앞선 두 종의 보리수가 전혀 다른 식물이라는 것이 설명 가능하다. 그래서 나는 늘 학명으로 식물을 인식하는 것의 중요성을 이야기하곤 한다.

보리수나무와 인도보리수 두 종이 전혀 다른 식물인 것에 더 이상 이의가 없더라도, 보리수나무 이름을 둘러싼 논쟁거리는 여전히 남아 있다. 최근 집 근처의 농협에서 운영하는 로컬푸드마트에 갔다가 지역 소농부들이 판매하는 보리수 열매를 사왔다. 마침 작업실에 손님이 오셨길래 보리수 열매를 접시에 내놓았는데, 내가 잠깐 자리를 비운 사이 손님들끼리 이 열매의 이름이 보리똥이다 혹은 파리똥이다, 보리수나무다 언쟁을 벌이고 있었다. 한 분은 어릴 적 할머니 댁 마당에 이 열매 나무가 있었는데 할머니가 그 이름을 보리똥이라고 가르쳐줬다고 하고, 또 한 분은 보리똥이란 얘기를 들어보긴 했지만 본인이 살던 동네에서는 파리똥이라 불렀다고 했다. 나는 곧장 책장의 나무 도감을 꺼내 보여주며 모두 맞는 이름이라고 결말을 지었다. 실제 보리수나무의 열매에 파리똥처럼 생긴 점이 붙어 있어서 그것을 파리똥, 보리똥이라고 불러왔다는 이야기가 있다.

놀랍게도 보리수나무라는 이름에 얽힌 혼돈은 여기에서 멈추지 않는다. 내가 손님에게 내놓았던 그 과일은 사실 보리수나무 열매가 아니라, 정확히는 뜰보리수의 열매였다. 우리 산에 자생하는 토종 보리수는 5월에 꽃을 피우고 9월에 열매를 맺기에, 만약 봄에 보리수나무 열매를 보았다면 그것은 일본 원산의 식물인 뜰보리수다. 뜰보리수는 4월에 꽃을 피워 6월에 열매를 맺으며, 보리수나무 열매보다 크기가 훨씬 크고 과육이 많고, 관상수와 과실수로 흔히 재배되고 있다.

보리수나무라는 식물은 그 존재만으로도 식물명에 대해 깊이 생각하게 만든다. 요즘 들어 우리나라의 식물 문화가 이전보다 발달했다는 이야기가 많은데, 그렇다면 식물 문화가 발달했다는 지표가 과연 무엇일까? 식물 소비량이 늘고, 산업 규모가 커지며, 정원이 많아졌다는 것만으로 식물 문화가 발달한 것일까? 나는 그렇게 생각하지 않는다. 식물 문화가 발달한 사회란 식물에 관한 잘못된 정보가 통하지 않을 정도로 사회 구성원들이 식물에 관해 기본 소양을 갖추고 있고, 보다 정확한 식물 정보를 공유하고 있는 사회가 아닐까 싶다. 정확한 정보를 위해서는 무엇보다 '식물명'을 정확히 아는 것이 우선이다. 보리수나무와 인도보리수의 정확한 식별, 우리나라에 유통되는 식용종이 정확히 뜰보리수인지

왕보리수인지, 그냥 보리수인지 알고 소비하는 사회. 보리수라는
식물 이름에 얽힌 혼돈이 사라질 그날을 기대한다.

부처가 깨달음을 얻은 나무, 인도보리수는
뽕나무과의 늘푸른나무로 잎이 하트 모양이며
끝이 뾰족한 것이 특징이다.

국내에 자생하는 보리수나무(그림)는 5월 꽃이 피고 9월에 열매를 맺는다.

가을에 핀 벚꽃, 기후 위기 때문일까

늦가을 무렵 작업실 근처 수목원을 걷는데 잎이 다 떨어진 나뭇가지와 마른 풀들 사이를 지나던 중 나무 한 그루가 눈에 띄었다. 연분홍 꽃을 피운 벚나무였다. 반가움에 나무에 다가가 사진을 찍고 있었는데, 지나던 관람객들도 발걸음을 멈추고 나무를 보며 말했다.

"어머, 이 나무 꽃 피었다. 이상 기후 때문에 이렇게 됐나 봐."

서너 팀의 관람객이 나무 앞에 서서 기후 변화, 기후 위기, 이상 기후를 주제로 이야기를 나눴다. 그러다 한 분이 나무의 이름을 내게 물었고, 나는 그제야 답할 수 있었다.

"춘추벚나무 '아우툼날리스'(*Prunus subhirtella* 'Autumnalis')예요. 원래 가을에 꽃 피는 나무예요."

"벚꽃이 가을에도 피어요? 이상한 건 줄 알았네." 질문했던 분이 오히려 놀라며 말했다.

대부분의 벚나무속 식물은 봄에 꽃을 피운다. 그러나 춘추벚나무의 꽃은 1년에 두 번, 봄과 가을에 볼 수 있다. 며칠 전 한 온라인 커뮤니티 게시판에 장미가 늦가을에 핀 걸 봤다며 기후 위기 때문에 걱정이라는 글이 올라왔다. 댓글로 누군가는 겨울에 제비꽃을 봤다고 했고, 또 다른 이는 봄에 빨갛게 단풍 든 단풍나무를 봤다고도 했다. 모두들 본인 상식 밖의 식물 현상을 이야기하며 기후 위기 때문이라고 단정 지었다.

기후 위기가 식물 생태 시계를 변화시키는 것은 사실이다. 우리나라는 100년 전보다 2~3도가 올랐고, 기온이 1도 오를수록 식물의 개엽이 3.86일 당겨진다는 연구 결과도 있다. 그러나 어느 장미가 가을에 꽃을 피우고, 특정 단풍나무가 봄에 빨갛게 물드는 것을 두고 기후 위기가 원인이라고 결론 내리기엔 무리가 있다. 도시에 심기는 장미 중에는 봄과 여름, 가을에 걸쳐 내내 꽃을 피우는 사계 장미가 있다. 단풍나무 중에도 1년 내내 빨간 단풍잎을 피우는 홍공작단풍이 있다. 만약 커뮤니티 게시판에 언급되었던 식물이 이들이라면 이상 현상이 아니라 자연스러운 일이다.

내가 어떤 대상을 보고 평소와 다르다고 느끼더라도 우선 나 스스로를 되돌아봐야 한다. 상식 밖의 자연현상을 마주할 때도 마찬가지다. 어쩌면 내 상식이 틀렸거나 대상 식물에 대한 나의 경험 데이터가 부족한 것일 수도 있으니까. 춘추벚나무와 장미가 가을에 꽃을 피운 게 이상해 보인 것은 가을에 꽃 피우는 장미와 벚나무가 존재한다는 것을 몰랐기 때문이다. 기후 위기를 의심하기 이전에 우선 우리의 무심함부터 돌아볼 일이다.

가을에 장미와 벚꽃을 마주해 놀랐다는 충격만큼, 키보드로 지구에게 미안하다고 쓰는 걱정만큼, 과연 우리는 지구에 살고 있는 인간 외 다른 생물종을 위해 쏟아낸 말들에 버금가는 행동을 하고 있을까. 실상 말과 행동이 같지 않다면, 우리가 어떤 기념일마다 지구에게 미안하다고 말하는 것은 시혜적인 자기만족일 뿐이다.

초겨울 무렵 정원에서 미선나무에 꽃이 핀 걸 본 적이 있다.

물론 봄에 만개한 모습과는 다르게 가지에 띄엄띄엄 흰 꽃 몇 송이가 피어 있었다. 미선나무, 개나리, 철쭉…. 이들은 종종 겨울에 꽃을 피운다. 초봄 가장 빨리 꽃을 피우는 식물이기 때문에 겨우내 꽃 피울 준비를 하다가 타이밍을 착각하면 일찍이 겨울에 꽃 몇 송이를 피우게 되는 것이다. 그렇다고 이 일이 생명과 번식에 지장을 주는 것은 아니다.

자연은 설정값을 넣으면 늘 같은 결과값이 나오는 물건이 아니다. 인간 개체 각각의 생각과 행동을 누구도 예측할 수 없듯, 식물 역시 수많은 개체 중 단 한 그루, 가지 하나의 꽃 하나 정도는 타이밍을 착각해 불시개화(개화하는 시기가 아닌데 개화하는 현상) 할 수도 있다.

기후 위기가 식물 생태계에 혼란을 주고 있다는 것은 이미 여러 연구로 증명된 사실이다. 이와 별개로 자연을 오랫동안 들여다보려는 노력 없이 이슈에 몰두해, 모든 자연현상의 원인을 두고 "답은 기후 변화로 정해져 있고 넌 대답만 하면 된다"는 식의 태도를 취하는 것은 인간의 오만이지 않나 싶다. 산을 깎아 도로와 아파트를 짓고, 어디서도 볼 수 없는 특별한 식물을 찾는답시고 생태계 교란의 위험이 있는 외래 생물을 적극적으로 들여오는 과정에서 우리 고유의 자생 생물을 혼란에 빠뜨리는 일조차 사람들은 '기후 위기'라는 단어로 뭉뚱그려 지구에 책임을 떠넘기고 있는 것은 아닐까.

대부분 벚나무속 식물의 꽃은 봄에만 볼 수 있지만 춘추벚나무 '아우툼날리스'는 1년에 두 번, 봄과 가을에 꽃을 피운다. 다만 가을에는 봄과 같이 꽃이 가지에 만발하지는 않는다.

알래스카의 작약, 케냐의 장미

5월의 꽃시장과 꽃집에는 유독 사람이 붐빈다. 어버이날과 스승의날을 위한 카네이션, 로즈데이와 성년의날을 위한 장미, 결혼식과 같은 행사를 위한 꽃을 준비하는 사람들 때문이다.

나는 지난해 어버이날과 스승의날을 준비하며 지역 화훼농가와 플로리스트들이 모여 만든 팝업스토어에서 연분홍색의 대륜 카네이션을 골랐다. 재배, 유통, 소비까지 한 지역에서 이루어지는 로컬 시스템을 경험했다는 만족감으로 충만한 5월이었다.

우리가 선물로 주고받는 꽃, 다시 말해 화훼식물은 채소, 과일과 같은 신선물이다. 그렇기에 유통 과정과 이동 시간을 줄이기 위해 우리나라에서 재배하고 판매할 것이라 생각하기 쉽지만, 카네이션만 해도 2021년 기준, 1분기 동안 800만 송이 이상이 콜롬비아와 중국에서 수입됐다. 그 전해 같은 기간에 비해 수입량이 2배 가까이 늘어난 것이다.

해가 갈수록 카네이션 수입량이 늘어나는 데에는 몇 가지 이유가 있다. 사람들이 카네이션을 가장 많이 찾는 5월 전에 수확해 유통하기 위해서는 전년 가을부터 시설에서 재배를 해야 한다. 그런데 최근 우크라이나 전쟁으로 인해 유류비가 증가하고, 비료 가격도 올랐다. 게다가 팬데믹으로 인해 외국인 노동자 고용이 힘들어지면서 인건비도 높아졌다. 상황이 이렇다 보니 절화 생산원가가 급격히 증가하고 있다. 팬데믹 동안 행사가 잘 열리지 않아 꽃 소비가 줄자 아예 문을 닫거나 채소나 과일로 작물을 바꾸는 농장도 생겼다. 이런 여러 가지 이유로 도매시장에서는 가격이 불안정한 국산 카네이션 대신 외국산 카네이션을 대량 수입하게 된 것이다.

식물 재배지에서 갖춰야 할 가장 중요한 조건은 자연환경이다. 식물이 살기 좋은 온도와 습도, 토양, 물은 물론이고 식물이 꽃을 드러내는 타이밍과 소비자가 그것을 원하는 타이밍도 맞아야 한다.

결혼식 꽃 장식에 가장 많이 쓰이는 작약은 절화의 왕이라 불리는 장미에 비할 만큼 풍성하고 화려한 데다 이색적인 형태로 매년 5월이 되면 행사에 널리 쓰인다. 이런 작약을 가장 많이 생산하는 나라는 역시 네덜란드이지만, 요즘 한창 떠오르는 작약 재배지는 알래스카다.

사람들이 작약을 가장 많이 찾는 시기는 늦봄부터 여름을 지나 가을까지다. 그런데 여름 무더위 속에서 품질 좋은 작약을 재배하기란 여간 까다로운 일이 아닐 수 없다. 알래스카는 여름에도 시원한 기후를 유지한다. 이곳의 작약은 다른 나라의 것보다 2배 이상 빠르게 생장하며, 꽃의 크기도 크다. 알래스카의 혹독한 기후는 식물을 공격하는 곤충과 질병도 막아준다. 그러니 작약은 식용 작물의 95퍼센트를 수입하는 알래스카에 희망과도 같은 식물이다.

프랑스와 영국을 상징하는 절화인 장미의 현재 최대 재배지 또한 남미 콜롬비아와 아프리카 케냐다. 콜롬비아는 카네이션이 가장 많이 재배되는 곳이기도 한데, 네덜란드를 이어 전 세계 절화 생산 2위의 국가다. 케냐와 콜롬비아는 고원지역에 자리하고 있어 여름에는 서늘하고 겨울에는 따뜻해서 장미를 재배하기에 좋은 환경인 데다 유럽보다 인건비가 훨씬 저렴하다는 장점이 있다.

하루가 다르게 식물 재배 기술이 변화하고 시설이 기계화되고 있지만 그럼에도 불구하고 여전히 식물을 재배하는 데에 가장 필요한 것은 사람의 손길, 노동력이다. 매일 파종을 하고 관수를 하고 비료를 주고 환기를 시키고 자란 식물을 화분에 옮기는 끝없는 원예 작업은 대부분 기계가 아닌 사람의 몫이다. 케냐와 콜롬비아에서 재배된 장미를 유럽을 비롯한 전 세계로 이동시키는 데 소요되는 비용과 인력, 시간을 감안하더라도 인건비가 적게 든다는 점이 큰 이점으로 작용하는 것이다.

초여름이면 꽃을 피우는 해바라기는 햇빛이 강한 남미나 아프리카에서 주로 재배될 것 같지만, 우크라이나와 러시아가 주재배지다. 우크라이나의 국화 또한 해바라기로, 관상을 위한 절화와 분화뿐만 아니라 기름과 씨앗을 얻기 위한 식용 산업도 발달했으며, 우크라이나와 러시아에서 수출하는 해바라기유는 전 세계 생산량의 80퍼센트를 차지한다. 사람들은 현재 전쟁을 겪고 있는 우크라이나를 응원하는 의미로 해바라기 이미지를 적극 활용하고 있다.

평소 우리가 먹는 과일과 채소가 어디에서 어떻게 재배됐는지에는 관심이 많지만 막상 내 방 책상 위에 피어 있는 장미, 부모님과 선생님께 드리는 카네이션의 출처에 대해서는 잘 알지 못하는 경우가 많다. 이들이 어디에서 왔든 그 거리를 따지자는 것도, 절화 품질을 논하자는 것도 아니다. 다만 식물의 시작과 살아온 과정을 알게 되면 내 손에 쥐여진 식물들을 더 오래도록 소중히 여길 수 있지 않을까 싶다.

작약의 최대 재배지는 네덜란드이지만 5~9월 유통되는 작약의 상당수는
알래스카에서 재배된다. 알래스카는 여름에도 시원한 기후를 유지해 좋은 품질의
작약을 생산할 수 있다.

똥나무에서 돈나무가 되기까지

최근 부쩍 주변 사람들에게 식물 재배 방법이나 식물이 많은 장소를 추천해달라는 문의를 자주 받는다. 그만큼 식물을 좋아하는 사람들이 많아졌다는 이야기일 것이다. 퇴근길 꽃 가게에서 꽃을 사고, 화분 놓을 장식장과 식물 조명을 구입할 정도로 식물을 가까이하는 사람들이 늘어났지만, 여전히 우리나라의 전체 화훼 소비량의 80퍼센트 이상을 축하·행사용 꽃 소비가 차지한다.

결혼식이나 입학식, 졸업식과 같은 행사와 어버이날, 스승의 날과 같은 기념일 그리고 개업식, 집들이 선물을 위해 사람들은 식물을 산다. 나의 부모님은 평소 내가 원예학도인 것을 잊은 듯하면서도 지인의 개업식이나 집들이를 위해 화분 선물을 고를 때면, 꼭 내게 "너 원예학과니까 화분 좀 주문해봐"라고 하신다. 그러나 내가 원예학도라고 큰 도움이 되진 않는다. 그저 나는 휴대폰으로 주변 화훼농장과 상점을 검색하고, 선물하기 알맞은 크기의 식물종을 적당한 가격에 주문할 뿐이다.

개업 축하와 집들이용 선물로 우리나라에서 가장 많이 소비되는 식물은 관엽식물이다. 강건해서 관리가 쉽고 받는 사람도 재배에 부담이 없는 고무나무나 산세베리아, 드라세나 그리고 야자나무류가 대표적이다.

물론 이보다 더 특별한 식물을 원하는 사람도 있다. 아름답고 재배가 쉬운 것은 물론이고 특별한 의미가 담겨 있는 식물 말이다. 선물받은 이에게 행운을 가져다준다는 행운목, 행복을 의미하는 행복나무, 부를 불러들인다는 금전수…. 식물의 형태와 재배 방법이 어떻든 이 식물에 담긴 '부'라는 의미에 소비자는 쉽게 현혹된다.

금전수는 자미오쿨카스 자미폴리아(*Zamioculcas zamiifolia* Engl.)라는 학명의 식물이다. (국가표준식물목록상 추천명은 '금전초'이지만, 유통명 금전수가 익숙하므로 이 글에서는 금전수로 부른다.) 속명 자미오쿨카스는 소철속을 가리키는 자미오, 토란속을 가리키는 쿨카스의 합성어로 잎 형태가 이들과 비슷해서 붙여진 이름이다. 금전수는 아프리카 동남부 사막 원산의 다육식물이자 관엽식물이기에 잎에 수분을 많이 저장하고 있어 두껍고 광택이 있다. 동전과 같은 동그란 잎이 가지에 매달린 모습이 돈이 줄줄이 달린 모습과 같다고 해 우리나라에서 금전수, 돈나무라는 유통명으로 소비되기 시작했다. 그러나 사실 돈나무라는 이름의 식물은 따로 있다.

10여 년 전 전북 부안의 바닷가에서 다섯 장의 흰 꽃잎을 가지에 가득 매단 나무를 본 적이 있다. 수도권에서 쭉 자라온 나는 당시 남쪽의 식물이 낯설었다. 함께 간 교수님께 식물 이름을 물으니 돈나무라고 했다. 이 돈나무와 시장에서 금전수라고 유통되는 것은 전혀 다른 식물이다.

오래 전, 돈나무의 원래 이름은 똥나무였다. 그 뿌리에서 똥냄새가 나고, 열매에 똥파리가 자주 낀다는 이유로 이들을 똥나무라 불렀다. 시간이 흐르며 발음상 '똥'이 '돈'으로 전파되어 어느 순간 이름이 돈나무가 되었고, 더 나아가 잎이 난 모습이 꼭 돈

다발과 같다며 최근 화훼시장에서는 금전수와 더불어 이 진짜 돈나무도 부를 의미하는 식물로 유통되고 있다.

'똥'과 '돈'의 거리감이 상당하지만, 오랜 시간에 걸쳐 발음상 식물명이 변화한 흐름은 부자연스러울 게 없다. 그저 똥 냄새가 나고 똥파리가 자주 끼어 똥이라고 부르기 시작한 식물이 도시 안에 들어와 부를 가져다주는 식물로 통하게 된 결말이 인간의 허무맹랑한 욕망을 잘 보여주는 사례로 여겨질 뿐이다.

인류는 자연을 그 자체로 바라보지 않고 늘 의미를 부여해왔다. 약용식물을 연구하던 16세기에는 인류에게 처음 발견된 미지의 식물을 불사초라고 여겼으며, 영국 빅토리아 시대에는 식물에 아름다운 이야기를 담아 꽃말을 전파했다. 수선화의 '자존심', 아네모네의 '배신'과 같은 의미는 모두 그리스 신화로부터 탄생했다. 문화가 발전할수록 사람들은 추상적이며 간접적인 표현을 좋아한다. 이 시대에는 직접적으로 사랑한다고 말하는 것보다 빨간 장미 한 송이를 선물하는 행위를 낭만적이라 여긴다.

그리고 지금 우리는 어느 시대보다 많은 식물에게 '돈'과 관련된 의미를 부여하고 있다. 금전수, 돈나무 그리고 머니 트리라고 불리는 파키라…. 이들이 담고 있는 것은 실상 돈과 부 그 자체가 아니라 돈에 집착하는 2020년대 한국, 지금 우리의 모습이라고 할 수 있겠다.

물망초의 영명 '포겟 미 낫'(나를 잊지 마세요)은 꽃말이자 물망초가 절화시장에서
애용되는 이유이기도 하다. 이 의미는 독일 전설에서 탄생했다.

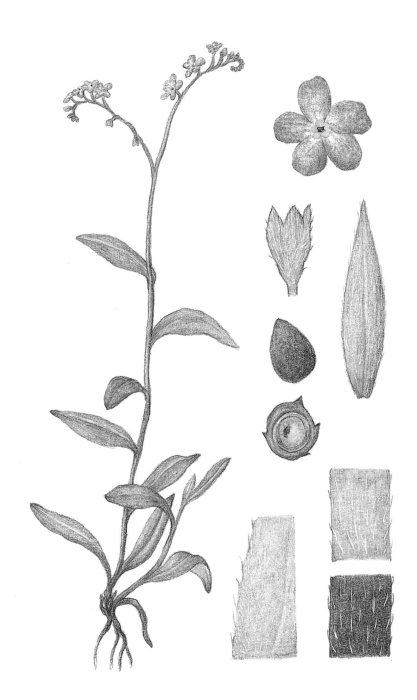

무궁화의 존재감이 눈부신 계절

과거에 내가 그렸던 식물 그림을 다시 볼 때면 그림 속 식물을 관찰했던 당시의 기후, 풍경, 소리가 머릿속에 떠오른다. 2년 전에 그린 무궁화 그림을 며칠 전 다시 펼쳐보는데, 당시 후덥지근한 공기와 뜨거운 햇빛 그리고 귓가에 울리던 수많은 곤충 소리가 생각났다. 그 그림을 그린 건 한여름이었다.

너무나 친숙하고 흔해서 길에서 만나도 잘 들여다보지 않게 되는 식물인 무궁화는 내게는 아주 특별한 식물이다. 언젠가 우리나라에서 육성된 무궁화 품종 전부를 그림으로 기록하고 싶다는 목표가 있기 때문이다. 무궁화는 우리나라의 자생식물이 아니라서, 혹은 사람들이 특별히 선호하지 않는다는 이유로 줄곧 국화(國花)로서의 자질을 의심받아왔다.

무궁화를 그림으로 기록하고자 하는 열망으로 무궁화 연구회에 가입하고, 무궁화 관찰과 수집을 본격적으로 시작하면서 다른 나라 국화에도 관심을 가질 수밖에 없었다. 다른 나라는 국화를 어떻게 볼지, 혹여 국민의 지지를 받지 못하는 경우도 있는지 궁금했다.

국화란 한 나라를 상징하는 꽃이다. 한 종 또는 여러 종을 국화로 정하고, 법률로 제정해 공표하기도 한다. 국가 상징물에 이미지로 활용되며 전국에 식재된다. 그렇다 보니 그 나라의 국민성을 상징하거나 역사적으로 관련된 전설이 있거나, 역사 속에서 중요한 역할을 하는 꽃이 국화인 경우가 대부분이다. 국민의 사랑을 받으며 자연스럽게 나라꽃으로 인식되어 자리 잡는 경우도 있다. 1986년 11월 20일, 로널드 레이건 미국 대통령이 백악관 장미정원을 배경으로 미국 국화를 장미로 제정하는 선언문에 서명했다. 이 장면은 사진으로도 기록됐고, 미국 장미 협회는 이를 두고 미국 장미 역사에서 가장 중요한 한 장면이라고 말하기도 했다.

우리나라의 무궁화는 오랜 시간 국민과 함께하며 자연스럽게 국화로 정해진 경우다. 무궁화가 우리나라 자생식물이 아니라는 점이 우리나라 국화로서의 자질을 의심받는 가장 큰 이유인데, 의외로 국화가 그 나라의 자생식물이 아닌 경우는 많다. 네덜란드의 국화인 튤립은 터키 원산으로 후에 네덜란드에 도입된 외래식물이며, 장미의 원종 역시 미국 원산이 아니다. 그렇다고 미국이 장미 연구를 가장 많이 한 것도 아니다.

국화가 외래식물이더라도 국민들이 좋아하는 식물인 경우에는 쉽게 환영받는다. 그렇다 보니 인기가 높은 관상식물이 국화가 되는 사례가 많다. 꽃 중의 꽃이라 불리는 장미는 미국뿐만 아니라 불가리아, 이라크, 룩셈부르크, 몰디브, 에콰도르 등의 국화다.

그러나 나는 이미 국화로서 널리 알려지고 인기가 많은 식물보다는 우리나라의 무궁화처럼 국민의 지지를 받지 못하는 식물 쪽에 관심이 간다. 스코틀랜드 국화는 엉겅퀴속의 한 종인 서양가시엉겅퀴다. 잎이 너무 뾰족한 통에 사람들이 다가갈 엄두를 못내는 아주 흔한 들풀. 당연히 엉겅퀴가 처음부터 사람들의 관심을 받은 것은 아니다. 바이킹이 유럽 일대를 장악하던 당시, 바이킹이 한밤중 스코틀랜드에 침입했다가 들에 무성히 난 엉겅퀴에 온몸이 찔려 소리를 질러댔다고 한다. 소리를 듣고 외부의 침입을 알게 된 스코틀랜드 사람들은 피난을 갈 수 있었다. 그 후로 그 누구도 엉겅퀴의 뾰족한 잎이나 왕성한 번식력에 토를 달지 않게 됐다. 그렇게 흔하디흔한 들풀이던 엉겅퀴는 사람들로부터 사랑받는 들풀이자 국화가 되었다.

몇 해 전 말레이시아로 여행을 떠났을 때 가장 눈에 띈 식물은 무궁화와 같은 속의 식물, 하와이무궁화였다. 하와이무궁화는 말레이시아의 국화이기에 그곳 숲과 도시 정원 어디에서나 새빨간 꽃잎의 하와이무궁화를 볼 수 있었다. 도심 광고판이나 포스터, 지폐에도 하와이무궁화가 그려져 있고, 사람들은 이 식물을 참 좋아했다. 같은 히비스커스속의 식물로서 서로 다른 대접을 받는 우리나라 무궁화와 말레이시아의 하와이무궁화를 보며, 무궁화에 대한 애잔함이 더해졌다.

매년 진행되는 광복절 행사 배경에는 늘 무궁화가 등장한다. 푸르른 배경 속 흰색, 분홍색, 푸른색의 다채로운 색과 형태의 무궁화 꽃이 나무마다 만개해 풍성히 매달려 있다. 무궁화는 다른 식물이 푸르른 잎과 열매를 한창 내비치는 한여름, 광복절 즈음에 꽃을 피운다. 그러니 매년 광복절 행사에서 무궁화가 만개한 모습을 볼 수 있는 건 우연이 아닌 것이다. 이맘때면 늘 생각한다. 하필 이 시기에 꽃을 피워 존재감을 드러내는 것만으로도, 무궁화는 우리나라 국화로서의 자격이 충분하지 않을까.

우리나라 국화인 무궁화(*Hibiscus syriacus* L.)와 붉은 꽃잎이 특징인
말레이시아의 국화 하와이무궁화(*Hibiscus rosa-sinensis* L.).

모과가 쓸모없는 열매라는 편견

충북 청주의 외할머니 댁 근처에는 심어진 지 500여 년 된 모과나무 한 그루가 있다. 명절날 외할머니 댁에서 친척들과 왁자지껄한 시간을 보내다가 나만의 조용한 시간이 필요할 때면, 종종 그 모과나무 근처를 배회하다 돌아온다. 조선시대 이 근처에 기거하던 유학자 류윤은 세조의 부름에 불응하며 자신을 모과나무에 비유해 "나는 모과나무처럼 쓸모없는 사람"이라 했다고 한다. 모과나무가 쓸모없다는 말은 열매가 딱딱하고 맛이 없어 과일로 먹지 못한다는 의미일 것이다.

실제로 모과나무 열매는 딱딱하고 텁텁한 데다 맛도 시어 생과로 먹을 수가 없다. 게다가 여느 과일처럼 표면이 둥글지 않고 울퉁불퉁해서 예로부터 모과나무는 못생기고 쓸모없는 나무라 불려왔다. 언젠가 동네 공원에 있는 모과나무에 노란 열매가 열린 것을 보고 사진을 찍은 적이 있었는데, 지나가던 어르신이 내게 다가와 "모과 열렸네. 그런데 어물전 망신은 꼴뚜기가 시키고 과일전 망신은 모과가 시킨다잖아요. 못생긴 모과를 뭐 하러 찍어요"라고 말씀하며 지나가셨다.

나 역시 웃으며 넘기긴 했지만, 사실 그 말에 공감할 순 없었다. 모과나무는 너무나 아름다운 꽃과 수피와 수형을 지닌 나무이기 때문이다. 물론 열매도 더없이 소중하다. 봄에 피는 분홍색 꽃 그리고 수피가 벗겨지면서 드러나는 다채로운 껍질색은 모과나무가 도시 공원에 많이 심기는 이유이기도 하다. 게다가 이들은 특별한 관리 없이도 열매가 잘 열린다. 열매는 과일로 먹을 순 없을지언정 차나 술로 가공해 먹기 좋다. 열매 살이 두껍고 딱딱한 특징은 가공 후에도 오래 보존할 수 있다는 장점이 된다.

평소 두통이 잦아 향수와 디퓨저를 사용하지 못하는 내가 유일하게 차 안에 두는 향 대용품도 모과나무 열매다. 어떤 향이든 맡으면 금방 두통이 밀려오는데, 모과의 향은 아무리 맡아도 기분이 좋다. 마당에 모과나무를 키우는 지인이 그 사실을 알고는 겨울이면 내게 모과 열매를 대여섯 개씩 보내준다. 그 덕분에 나는 차 안에서 이 달콤한 모과 향기를 맡으며 산으로 들로 식물을 관찰하러 다닌다.

모과가 천연향료로써 좋은 이유가 또 있다. 다른 열매는 시간이 지나 썩거나 녹으면서 고약한 냄새를 풍기기도 하는데, 모과는 시간이 오래 지나도 달콤한 향이 지속된다. 이것은 열매 속 씨앗을 번식시킬 동물을 최대한 오랫동안 유혹하기 위한 모과만의 생존 전략인 것 같다. 오히려 시간이 지나면서 열매에 끈적끈적한 액체가 묻어나며 향이 짙어진다. 향을 내는 정유 성분이 밖으로 방출되는 현상이다. 그러니 모과나무는 나에게만큼은 없어서는 안 될 소중하고 아름다운 열매다.

모과나무의 열매, 할미꽃과 호박꽃. 모두 우리나라에서 '못생김'의 대명사로 불리는 식물들이다. 그러나 그 식물들을 가까이에서 관찰하고 그림으로 기록하면서 정말 못생긴 것은 식물이 아니라, 그들을 멀리에서만 바라보고 편견을 가졌던 내 편협한 마음이었다는 것을 알게 됐다.

사람들이 화려하고 아름다운 식물을 좋아한다는 사실은 이미 원예산업에서 유통되는 식물을 통해 충분히 알 수 있다. 그런데 얼마 전 한 연구를 통해 식물 연구자들 역시 화려하고 눈에 띄는 식물을 선호하는 성향이 있다는 사실이 밝혀졌다.

호주 커틴 대학의 킹슬리 딕슨^{Kingsley Dixon} 박사 연구팀은 식물 연구자들이 자기 분야에서 어떤 기준으로 연구할 식물을 선택하는지 조사했다. 1975년부터 2020년까지 발표된 알프스 자생식물 논문 280편을 대상으로, 연구 주제로 선택된 식물종의 색과 형태 그리고 눈에 잘 띄는 특성 간의 관계를 분석한 것이다. 분석 결과 연구자들은 작은 꽃보다 크기가 큰 꽃을, 초록색과 검은색처럼 눈에 띄지 않는 색보다 분홍색, 흰색 꽃과 같이 화려한 색의 꽃을 훨씬 더 많이 선택해 연구했다고 한다. 개체의 희귀성은 아무런 관련이 없었다. 무엇보다 자연에 많지 않은 파란색 꽃이 가장 많이 연구됐다.

딕슨 박사가 이 연구를 통해 전하고 싶은 바는 연구자들이 자신도 모르는 사이 생태계에 중요하거나 긴급한 보전이 필요한 식물을 놓치게 되는 일이 생길 수 있다는 것이다. 식물의 외형은 식물의 가치 혹은 효용성과 비례하지 않기 때문이다.

물론 연구자도 동물이자 인간이기에 그에 따른 한계가 있고, 시각적인 아름다움에 지배받을 수밖에 없다. 그러니 의식적으로라도 작거나 어두운 색의 식물처럼 눈에 띄지 않는 존재를 보려는 노력이 필요할 것이다. 어떤 식물이 특별히 중요하고 인류의 복지에 도움이 될지는 우리가 연구하기 전까지는 알 수 없으니 말이다.

가을에 노랗게 익는 모과나무 열매는 참외와 비슷하다. '나무에 열린 참외'의 의미로
부르던 '목과'란 이름이 변형돼 오늘날 모과가 됐다.

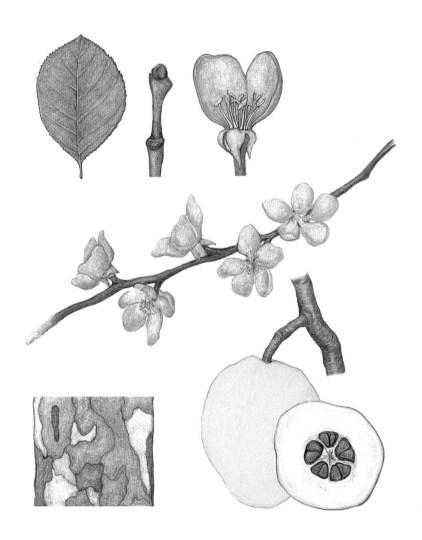

제주조릿대를 향한 두 개의 시선

2017년, 국내 한 음료 제조회사에서 연락이 왔다. 우리나라 자생식물인 제주조릿대를 원료로 차를 만들었으니 홍보물에 들어갈 그림을 그려달라는 제안이었다. 식물세밀화의 정체성을 지키고 싶어 상업적인 작업은 최대한 하지 않았으나, 이 작업이 우리나라 자생식물, 특히 사람들에게 생소한 도서지역 식물의 존재와 효용성을 알리는 데 도움이 될 수 있겠다 싶어 제안을 수락했다. 나는 제주조릿대의 자생지인 제주 한라산으로 가서 생체를 관찰한 후 그림을 완성했다.

제주조릿대는 제주에 자생하는 귀한 식물로 탐나산죽이라고도 불린다. 이들은 벼과 조릿대속으로 분류된다. 우리나라에 분포하는 조릿대속으로는 제주조릿대 말고도 조릿대와 신이대, 섬조릿대 등이 있다. 제주조릿대는 가장자리에 흰 줄무늬가 있다. 줄기는 털이 없고 녹색이며 마디 주변이 자주색을 띤다.

제주에서 제주조릿대를 만나기란 무척 쉬운 일이다. 워낙 번식력이 좋아 한라산 일대를 장악했기 때문이다. 굳이 한라산에 오르지 않고 근처 도로변만 지나도 드높은 나무 아래 제주조릿대가 빼곡히 자리한 모습을 볼 수 있다. 그렇다 보니 제주조릿대는 한라산의 천덕꾸러기 신세가 됐다.

제주조릿대는 땅속줄기를 갖고 있고 환경 적응력이 좋아 한라산 고지대뿐만 아니라 낮은 곳에서도 널리 번식한다. 농장들은 겨우내 부족한 목초 대신 늘 잎이 푸르른 제주조릿대를 말의 사료로 써왔는데, 한라산이 국립공원으로 지정되고 방목이 금지된 후 제주조릿대 개체수가 급증했다는 주장도 있다. 연구자들은 제주조릿대가 한라산의 생태계를 교란하는 것을 걱정한다. 현실적으로는 한라산에 분포하는 자생식물종수가 줄어들어 한라산이 국립공원과 유네스코 생물권보전지역에서 제외될까 봐 염려하는 것이다. 그래서 한라산에 다시 말을 방목해보는 등 개체수를 줄이는 방안을 고심하고 있다.

최근 상황만 두고 보면 제주조릿대가 유해 식물 같지만, 사실 제주민은 옛날부터 제주조릿대를 친근하고 유용한 식물로 여겨왔다. 제주조릿대는 제주민의 의식주와 긴밀하게 연관된 민속식물이기 때문이다.

제주의 한 도서관에서 강의를 하다가 우연히 만난 어르신이 내게 제주조릿대에 관한 옛 추억을 이야기해줬다. 어릴 적 흉년이 들어 먹을 것이 없던 시절, 부모님이 제주조릿대 열매로 죽을 쒀줬다고 한다. 가대밥이라 하여 제주조릿대 열매로 만든 밥을 이르는 말이 따로 있을 정도로 제주조릿대는 제주도 지역에서 널리 쓰이는 곡식이었다.

사실 제주조릿대는 꽃과 열매를 잘 맺지 않는다. 정확히 연구된 바는 없으나 짧으면 5~7년, 길게는 100년을 간격으로 꽃이 핀다고 알려졌다. 꽃과 열매가 귀하다 보니 일본에서는 조릿대에 꽃이 피면 온 동네에 행운이 찾아온다고 믿는다. 이 이야기를 들려드리자 지역 어르신들도 공감하며 배곯던 시절 식량이 돼줬으니 제주조릿대는 제주 사람들에게 그야말로 행운의 식물이 맞는 다고 하셨다.

한라산에서 자라는 식물에 관한 연구가 본격적으로 이뤄지지 않던 시절, 사람들은 한라산에 사는 미지의 식물을 불로초로 여겼다. 인간은 불로초처럼 인류를 구원해주는 존재와 독초처럼 인류를 죽음으로 내모는 존재라는 두 가지 시선으로 미지의 존재를 바라봤는데, 제주 사람들은 한라산 식물에 희망을 담고자 했다. 한라산 고지대에서 자생하는 식물인 시로미를 불로초라 부르며 열매가 익는 시기가 되면 산에 올라 열매를 채취한 후 말려서 가루를 내어 먹었고, 제주조릿대를 사람과 동물의 식량으로써 이용해왔다.

내게도 제주조릿대가 행운의 식물이었던 적이 있다. 지난겨울 서귀포로 출장을 갔다가 516도로를 지나 제주시로 넘어가던 중 저 멀리 도로에서 무언가가 보여 재빨리 속도를 줄였다. 가까이에서 보니 어디서 날아왔는지 모를 제주조릿대가 한 움큼 뽑힌 채 빙판이 된 도로 위에 놓여 있었다. 제주조릿대가 빙판의 위험을 알리는 표지판이 되어준 것이다. 그날 한라산 가장자리에 흰 눈이 소복이 쌓인 제주조릿대가 빼곡했던 풍경이 오래도록 기억에 남아 있다.

제주공항 앞에 있는 야자나무의 이색적인 모습이 제주 관광객에게는 제주를 상징하는 풍경으로 여겨지곤 하지만, 제주의 정체성을 드러내는 식물은 너무도 다양하다. 한라산 주변을 지나면서 쉬이 볼 수 있는 제주조릿대, 제주의 야생 장미라고 할 수 있는 제주찔레가 포복한 풍경, 바닷가 모래땅에서 순비기나무와 참골

무꽃이 뒤섞여 꽃피는 풍경…. 이번 여름은 오래 기억할 만한 자신만의 제주 식물 풍경을 꼭 찾아보길 바란다.

흉년이 들어 먹을 것이 없던 시절, 제주조릿대의 씨알은 제주 사람들의 양식이 되어주었다.

제주조릿대 잎 가장자리에 있는 흰 줄무늬는 겨울 동안 체내 수분을 유지하기 위한
방책이다. 제주조릿대는 환경 적응력이 좋아 한라산 고지대뿐 아니라 낮은 곳으로도
널리 퍼진다.

무화과는 꽃을 피우지 않는다는 오해

개미취와 벌개미취 그리고 상사화와 부추속…. 숲과 정원에서 피어나는 꽃들이 가을의 시작을 알린다. 강의 준비를 하느라 그간 찍어둔 개미취와 벌개미취 사진을 정리하다가 문득 한 가지 사실을 깨달았다. 내가 찍은 벌개미취와 개미취의 사진 구도가 확연히 다르다는 점이다. 참취속인 두 종은 키 차이가 있는데, 벌개미취는 60센티미터 이하라 꽃을 내려다보는 정면 구도로 찍은 사진이 많은 데 비해, 개미취는 1미터 이상으로 자라기 때문에 위에서 내려다볼 수 없어 꽃의 측면을 찍은 사진이 많았다. 나는 식물을 공평하게 기록한다고 생각해왔지만 사실 사진을 찍을 때마저 식물의 형태, 생태 특성에 따른 한계에서 벗어날 수 없다는 사실을 깨달았다.

과학 기술이 발달하며 인류는 원하는 많은 것들을 누릴 수 있게 됐다. 시설원예의 발달로 1년 내내 먹고 싶은 과일과 채소를 수확하고, 유통 기술의 발달로 바다 건너의 생산품을 배송받는 데 하루밖에 걸리지 않게 됐다. 그러나 우리는 여전히 자연의 시간과 형태에 종속돼 살아간다. 우리가 흔히 부르는 '제철'이란 개념 또한 식물의 생장주기에 따른 용어다. 우리는 과실수의 열매가 다 자라 익는 시기를 과일의 제철이라 부르고, 정원의 꽃이 만개하는 시기를 식물의 제철, 풀잎이 다 자라난 시기를 잎채소의 제철이라 부른다. 다시 말해 제철은 인간 기준으로 식물의 효용성이 높은 시기를 가리킨다.

우리나라에서 무화과의 제철은 가을이다. 2010년대 이후 우리나라에서 재배 면적이 크게 늘며 무화과는 대중적으로 사랑받는 과일이 됐다. 생과로뿐만 아니라 빵이나 케이크 등에 들어가는 디저트용 과일이자 말려 먹는 건조용 과일로써 이용된다.

무화과는 어떻게 다양한 요리의 재료가 됐을까? 베어 물었을 때 느껴지는 바삭바삭한 식감과 무화과에서 나오는 흰 유액의 정체는 무엇일까? 무화과를 먹으며 잠시 스쳤던 이와 같은 감상과 감각은 이 식물이 살아온 과정, 지구에서 오랫동안 번성할 수 있었던 이유와 맞닿아 있다.

무화과는 한자로 '꽃이 없는 과일'을 뜻한다. 그러나 이것은 인류의 착각에서 빚어진 오류다. 무화과를 초기에 발견한 사람들은 아무리 오래 들여다봐도 꽃이 보이지 않으니 꽃이 피지 않는다고 생각했으나, 사실 무화과에도 꽃은 있다. 심지어 수도 없이 많은 꽃이 핀다. 이 꽃은 열매 이전의 꽃주머니 안에서 우리 눈에 띄지 않고 자잘하게 피어날 뿐이다. 무화과를 먹을 때 씹히는 수많은 씨앗이 꽃의 존재를 증명하니, 우리는 식감으로 꽃을 느끼고 있는 셈이다. 게다가 무화과 열매 끝에는 작은 구멍이 나 있다. 이것을 무화과 눈이라고도 부른다. 무화과나무의 수분을 돕는 무화과말벌은 이 구멍을 통해 꽃주머니 안팎을 드나들며 꽃가루를 옮긴다.

무화과나무는 열대우림의 오랜 토속식물이다. 이들의 달콤한 열매는 박쥐, 원숭이, 새에 이르기까지 수천 종의 동물의 먹이가 되어왔다. 그리고 이 농축된 단맛은 가공, 가열 후에도 유지돼 인류의 요리 재료로 활용됐다. 무화과 빵과 케이크가 많은 이유가 여기에 있다. 상자째 판매하는 무화과를 사와 상온에 며칠간 두면 과실에 흰 유액이 묻어 있는 걸 볼 수 있다. 이것은 무화과가 속한 뽕나무과 식물에 자주 나타나는 현상이다. 유액은 라텍스 성분으로, 동물에게 해로운 물질을 방출해 자신을 지키려는 무화과나무의 방어 전략이다.

식물을 기록, 관찰하는 동안 식물에게 제철이란 따로 없다는 생각을 자주 해왔다. 무화과나무 가지에서 연둣빛 새잎이 돋아날 때부터 녹색의 열매를 맺고 성장해 분홍색, 흑자색으로 익고 열매가 벌어질 때까지 무화과는 매 순간이 제철인 듯 살아간다.

우리나라에는 무화과나무 외에도 가족뻘의 천선과나무 그리고 모람과 애기모람 등이 분포한다. 그러나 독특한 형태에 비해 이들의 존재와 정보가 사람들에게 널리 알려져 있지 않다. 아마도 남부 지역에서 자생, 재배된다는 이유가 클 것이다. 우리나라 인구의 반 이상이 서울을 비롯한 수도권에 밀집해 있기에 남부 지역의 식물은 대중에게 낯선 존재로 여겨질 때가 많다.

우리는 눈에 익숙한 식물, 만날 가능성이 있는 식물에 관심을 갖게 마련이고 당연하게도 우리에게 자주 회자되는 식물은 중부 지역에 자생하거나 재배되는 것들이다. 그러나 우리가 모른다고, 본 적 없다고 존재하지 않는 것은 아니다. 우리 눈에 보이지 않는 곳에서 무화과나무의 수많은 꽃이 피어나듯이 말이다.

무화과나무는 1900년대 초 우리나라에 도입돼 1940년대 이후 본격적으로 심기기 시작했다. 현재 남부 지역을 중심으로 재배된다.

제주도에서 덩굴로 자라는 왕모람. 우리나라에서 볼 수 있는 무화과나무속 식물로는
천선과나무, 모람, 애기모람, 왕모람 등이 있다.

당근은 원래 주황색이 아니었다

2010년 국립수목원에서 특별한 전시회가 열렸다. 전시 주제는 식물 우표였다. 식물 이미지가 기록된 세계의 우표가 한데 모여 전시됐고, 관람객은 전시된 우표를 통해 세계 각국의 식물상을 간접적으로나마 살펴볼 수 있었다. 이 전시를 본 것을 계기로 나도 식물 우표를 수집하기 시작했다. 해외로 여행이나 출장을 갈 때면 현지 우체국에 들러 생물 우표를 구입하기도 하고, 이미 누군가가 수집한 우표를 물려받기도 했다. 작고 얇은 종이를 통해서 나는 독일의 주요 약용식물과 프랑스에서 육성한 장미 품종, 중국에서 재배되는 만병초속 식물을 만날 수 있다. 그리고 나의 컬렉션에는 북한 우표도 있다.

여행으로 싱가포르에 갔을 때 우표 박물관에서 조선우표라 쓰인 녹색 시트를 발견했다. 그것은 북한 우표였다. 우리나라에서는 접할 수 없는 북한의 식생을 우표로 알 수 있다는 점이 나를 무척 설레게 했다. 시트에는 '배추, 무우, 파, 오이, 호박, 홍당무우, 마늘, 고추'라는 글자와 함께 각각의 그림이 그려진 여덟 개의 우표가 붙어 있었다. 그림은 단순해 보이면서도 작은 종이 속 식물이 어떤 종인지 알 수 있도록 분류키를 확대하고 강조한 의도가 돋보였다. 그중 유난히 눈에 띄는 것은 '홍당무우'였다. 그림 속 '홍당무우'는 '붉을 홍(紅)'이란 한자처럼 유난히 새빨간 색이었다.

나 역시 어릴 적 당근을 홍당무라 불렀던 기억이 있다. 겨울 추위에 볼이 빨개진 친구와 서로를 홍당무 같다며 놀렸던 기억. 물론 홍당무와 당근은 같은 식물을 가리킨다. 요즘 우리나라에서는 홍당무보다는 당근이라는 이름을 주로 쓰며, 국가표준식물목록에서도 '당근'을 정명으로 추천한다. 그렇다면 홍당무라는 이름처럼 당근은 정말 무의 한 종류일까? 그렇지 않다. 무는 십자화과, 당근은 미나리과로 다른 식물이다.

몇 년 전 당근을 재배하는 농장 연합회로부터 당근을 유통할 때 포장하는 박스 패키지 디자인에 사용할 그림을 그려달라는 요청을 받았다. 당근을 그리려면 야생 당근 원종에 관해서 알 필요가 있기에 영국 큐왕립식물원의 디지털 데이터를 통해 당근 표본 정보를 찾았다. 그런데 원종으로 추정되는 종이 내가 생각했던 주황색이 아닌 보라색에 가까운 흰색이었다. 게다가 지난 역사 동안 그림과 표본, 사진으로 기록된 당근 뿌리 색은 천차만별이었다. 흰색, 보라색, 빨간색, 노란색 그리고 주황색. 이 데이터를 눈으로 확인한 후 나는 더 이상 당근을 홍당무라 부를 수 없었다. 당근이 시대에 따라 다채로운 색으로 변화했기 때문이다.

인류가 당근을 재배한 초기 900년대 이전 기록에는 당근이 노란색, 보라색인 경우가 많다. 그 후 기록된 1500년대 이전의 몇몇 유럽 약초서에는 빨간색, 노란색 당근이 나타난다. 우리가 늘 먹어온 주황색 당근에 관한 기록이 본격적으로 많아지는 시기는 1500년대 후부터다. 10세기가 넘는 당근 재배 역사 중 우리가 알고 있는 주황색은 당근 역사의 절반 동안에만 존재한 것이다.

게다가 주황색 당근이 성행한 것은 원산지나 주재배지와 전혀 관련 없는 네덜란드에 의해서다. 16세기 네덜란드 독립전쟁을 승리로 이끈 오렌지 가문을 기리는 의도로 네덜란드 국민이 주황색 당근 소비를 대폭 늘리면서 주황색 당근 품종 육성이 활발해졌기 때문이다. 그 후 그것이 미국에 도입되고 세계적으로 널리 재배되면서 지금 우리가 식용하는 주황색 당근이 주를 이루게 됐다.

당근을 그리기 위해 여러 품종을 수집하던 중 미국에서 주로 소비되는 냉동 미니당근도 그려보고자 관련 자료를 찾았다. 그러나 곧바로 그것을 그릴 필요가 없다는 것을 깨달았다. 미니당근은 크기가 작은 개별 품종이 아니라 일반적인 당근을 작게 깎아놓은 것이었기 때문이다. 1986년 캘리포니아의 당근 농장에서 못생긴 당근을 버리기 아까워 작게 깎아 유통한 것이 그 시작이었다.

물론 애초에 크기가 작은 품종도 있다. 우리나라에서 육성한 '미니라운드', '미니홍'처럼 '미니'가 들어간 이름의 품종은 기존 당근보다 크기가 작다. 우리나라에서도 주황색뿐만 아니라 보라색, 노란색, 흰색 당근도 육성, 재배되고 있다. 당근은 색에 따라 영양 성분이 다르기 때문에 미래 인류의 주요 식량자원으로도 꼽힌다.

식물을 그림으로 기록하는 일을 하며 나는 식물에 관한 책과 그림, 고문헌 그리고 이제는 우표까지 수집하게 됐다. 누군가는 내게 무엇 하러 많은 수고를 들여 헌 종이를 수집하느냐고 묻기도 한다. 그러나 북한의 '홍당무우' 우표가 내게 기나긴 당근의 역사를 탐구하도록 만들어주었듯, 이 기록물들은 언제나 내게 소중한 스승과 같은 존재일 것이다.

당근은 뿌리뿐만 아니라 잎과 줄기 그리고 꽃도 식용할 수 있다. 작은 꽃이 모여 큰 꽃을 형성하는 복산형화서이며 잎은 짧은 줄기에 깃털 모양의 겹잎으로 난다.

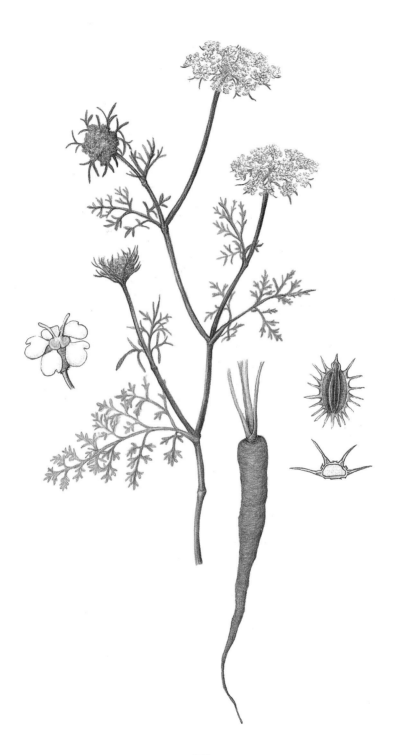

우리나라에서 육성된 색 당근. 뿌리가 노란색인 '라-1호'와 뿌리 속은 주황색이지만
겉이 보라색인 '보라매'.

싱가포르 우표 박물관에서 구입한 북한의 조선우표.

식물로부터 시작된 색 이름

몇 달 전 한 식물연구기관으로부터 쪽을 그려달라는 제안을 받았다. 우리나라 자생식물도 아닌 데다 최근 잘 재배하지도 않는 쪽을 그려달라는 것이 특이해 연유를 물으니 염료식물을 주제로 전시를 하는데 쪽 그림이 필요하다고 했다. 그림 제안을 받은 지 한 달 정도 지나 쪽을 심어놓은 밭에 꽃이 피었다는 소식을 들었고, 이번 기회가 아니면 그릴 리 없던 쪽을 관찰했다. 1년 중 하늘이 가장 짙은 푸른색을 띠던 어느 가을날이었다.

옛사람들은 짙고 푸른 가을 하늘색을 가리켜 쪽빛이라고 불렀다. 예전에는 '쪽빛'이라는 표현으로 충분히 그 의미가 통했을 것이다. 며칠 전 학생들과의 강의에서 가을 하늘을 가리켜 쪽빛이라고 했더니 쪽빛이 무슨 색이냐는 질문을 받았다. 생각해보면 어린 학생들이 쪽빛의 정체를 알지 못하는 것은 당연한 일일지도 모르겠다. 우리는 더 이상 쪽으로 염색한 옷을 입지도 않고, 쪽이라는 식물을 생활 반경 내에서 볼 일도 없기 때문이다.

그러나 쪽빛을 모르는 이들도 '인디고블루'라는 색에 대해서는 잘 안다. 파란색과 보라색 사이 남색에 가까운 색. 쪽빛은 다시 말해 인디고블루 빛이며, 쪽의 영어 이름도 '차이니스 인디고'다. 인디고블루의 시작은 식물이었던 거다.

물론 초기 인디고블루 색을 낸 식물이 우리나라에서 재배되는 쪽만은 아니었다. '트루 인디고'라 불리는 인디고페라 틴토리아종(Indigofera tinctoria Chapm.)이 기원전 1500년 전부터 고대 이집트에서 미라 붕대의 염색을 위해 활용됐을 것으로 추정된다. 그러나 당시엔 추출 과정이 복잡해 파라오만 사용 가능했다.

인디고페라속 식물은 인디고라는 이름에서 알 수 있듯 인도를 중심으로 분포한다. 인도에서 시작해 중국, 일본 등지로 퍼져 아시아 각지의 염료식물로 이용되다가, 15세기 포르투갈 탐험가 바스코 다 가마Vasco da Gama에 의해 유럽으로 전파됐다. 20세기 이전까지 인디고 식물들은 이 색을 만들 수 있는 유일한 원료였다.

그렇지만 아시아 원산의 식물이 유럽에서 잘 재배될 리 없는데다 천연염료 추출 과정이 복잡했기 때문에 당시 인디고블루는 당연히 부자들만 손에 넣을 수 있는 고급 색으로 여겨졌다. 이 색의 무궁한 경제성을 가늠한 화학자들은 합성염료에 관해 연구했고, 1800년대 후반 드디어 합성 인디고블루가 생산되기 시작했다. 생각해보면 인디고블루는 학생의 교복이나 공장과 건설 노동자, 은행가의 작업복 등에 가장 널리 이용되는 색상이다.

인디고블루를 생산하는 식물은 인디고페라속뿐만 아니라 온대지역에서 주로 재배하는 이사티스속, 우리나라와 일본·중국에서 주로 재배하는 쪽, 인디고페라의 직계 친척인 아모르파속 등이 있다. 쪽은 인디고 식물 전체 중 인디고페라 틴토리아종 다음으로 염색 농도가 짙다.

우리나라에서 쪽빛이란 아름다운 색, 그 이상으로 여겨져왔다. 쪽 추출물은 모기, 뱀, 진드기 같은 곤충을 쫓을 뿐만 아니라 호흡기, 피부 질환을 낫게 하는 약용 효과도 있다. 아시아에서 유럽으로 건너간 것은 인디고 색일 뿐, 색이 내포한 의미나 효용성 까지는 취하지 못한 셈이다.

쪽을 그리면서, 쪽이 모두가 인정하는 우리의 민속식물인데도 그동안 쪽에 관한 연구가 많이 이뤄지지 않았다는 걸 깨달았다. 동료 연구자에게 이를 말했더니 공감하며 당연한 일이라고 했다. 쪽은 우리나라 자생식물이 아닌 재배식물이고, 최근에는 천연염색을 안 하다 보니 자생식물 연구자든 재배식물 연구자든 그 누구도 쪽에 별로 흥미를 가지지 않는다고 했다. 주요 자생식물과 주요 재배식물 그 경계에서 주목받지 못하는 이 식물에 대한 생각이 깊어졌다.

일본은 도쿠시마 지역을 중심으로 발달한 특유의 쪽 염색법을 아이조메라는 이름으로 브랜드화하기도 했다. 쪽으로 염색한 청바지, 티, 그릇을 판매하는 것이다. 우리나라에서는 쪽 염색 상품을 찾는 소비자가 급격히 줄어들어 오로지 사명감으로 쪽 염색 작업을 이어나가는 사람들이 대부분이다.

식물로부터 시작된 색 이름이 있다. 바이올렛(보라색)은 제비꽃 속의 라틴어속명 비올라^{viola}로부터 시작됐고 오렌지색은 오렌지나무의 열매 표면색으로부터 시작되었다. 명명이 존재를 인정하는 의미라면 색 이전에 식물이 먼저 존재했던 것이다.

식물을 관찰하다 보면 물감 팔레트에는 없는, 오차 범위가 촘촘한 다채로운 색들을 만나게 된다. 벌개미취와 층꽃나무, 솔체꽃 그리고 두메부추의 꽃 색을 우리는 결과적으로 보라색이라고 부르지만, 실제로 이들을 마주하면 보라색도 천차만별이라는 것을 알게 된다. 식물을 들여다본다는 것은 이 세상에 존재하는 색의 다양성을 깨닫게 되는 일이기도 하다.

쪽의 잎에는 인디고블루 색을 띠는 인디고틴 분자가 함유되어 있다. 쪽은
우리나라와 중국, 일본을 중심으로 인디고블루를 추출하는 염색에 활용되어왔다.

나무는 각자의 속도로 자란다

어릴 적 명절이 되면 경기도 외곽에 있는 이모집에서 시간을 보내곤 했다. 이모집 뒤에는 낮은 산이 있었는데, 산 아래에는 소나무가 많았다. 이모는 추석마다 이 소나무 숲에서 주운 솔잎으로 송편을 쪄주었다. 대학생이 되어 다시 그 소나무 숲에 갔는데, 소나무 중 일부는 리기다소나무라는 것을 알 수 있었다. 소나무는 한곳에서 잎이 두 개가 나지만, 리기다소나무는 잎이 세 개가 난다. 이들은 1970년대 황폐해진 우리 산에 식재된 속성수 중 한 종이다.

속성수는 빠르게 자라는 나무를 일컫는다. 우리 산에는 리기다소나무와 아까시나무, 오리나무 등 속성수가 많다. 1960~70년대 황폐한 우리 땅을 하루빨리 푸르게 만들어야 했고, 그렇게 심어진 나무가 이제는 아름드리나무로 커버렸다.

지구에는 최소 6만 종의 나무가 있는 것으로 파악된다. 종 다양성만큼이나 나무의 생장 속도 또한 다양하다. 누군가 "나무는 얼마나 빨리 자라나요?"라고 묻는다면, 나무의 생장 속도는 종마다 다를 뿐 아니라 같은 종일지라도 어느 위치에서 살아가느냐에 따라서도 달라진다고 답할 수 있을 거다. 여기서 위치란 기후를 의미한다. 일반적으로 따뜻한 기후에서 사는 나무는 추운 기후에서 사는 것보다 더 빨리 자라며, 북부 지방보다는 적도 근처 나무의 생장 속도가 더 빠르다. 기후는 고도에 따라서도 달라지는 만큼 일반적으로 낮은 고도의 나무는 고산지대의 나무보다 더 빨리 큰다.

그러나 애초에 느리게 자라는 종도 있다. 우리 주변에서 흔히 볼 수 있는 주목이 그렇다. 주목은 살아서 천년, 죽어서 천년을 산다는 말이 있을 정도로 느리게 자라는 데다 수명도 길다. 죽어서도 천년이 간다는 것은 죽어도 그 티가 나지 않는다는 의미다. 주목을 씨앗부터 기르려면 발아하는 데만 2년이 넘게 걸리고 생장 속도도 느리다 보니, 일제강점기 일본 사람들은 우리나라 높은 산에 군락을 이룬 주목을 베어가기도 했다. 이들이 약용식물과 목재로써 유용한데 생장이 느려 씨앗부터 번식하기 힘들기 때문에 다 자란 나무를 가져간 것이다.

그런데 이처럼 속성수가 아닌, 생장이 느린 주목을 요즘 우리가 자주 접할 수 있는 이유는 무엇일까? 우리가 주목을 가장 자주 만나는 곳은 산이 아닌 도시의 학교와 빌딩, 집(아파트) 앞 화단이다. 주목은 산에서 5미터 넘게도 자라지만, 도시 화단에서는 구형이거나 삼각형의 정형적인 형태로 전정(식물의 모양을 다듬는 일)되어 있다. 이들은 자라는 속도가 느리기 때문에, 특별한 관리 없이 가끔씩만 전정해주면 원하는 모습 그대로 있어준다. 무생물과 같은 생물. 인간은 느리게 자라는 나무를 숲에서 가져와 살아 있는 장식물로 이용한다.

도시 어디에서든 자주 볼 수 있는 회양목 또한 느리게 자라는 대표적인 나무다. 학생들에게 회양목 수형을 그려보라고 하면 늘 직사각형이거나 구형의 모습이다. 그러나 회양목 역시 산에서는 3미터 이상의 자유로운 형태로 자란다. 이렇게 높이 자랄 수 있는 회양목을 도시로 가져온 것은 자라는 속도가 느린 데다 공해에 강하며 관리가 쉽고 사계절 늘 푸르기에, 공간을 구획하거나 차폐하고, 동선을 유도하는 식물로 유용하기 때문이다. 만약 회양목이 자라는 속도가 빠르다면 쉴 새 없이 자라는 잎과 가지가 우리가 지나는 통로를 막고 미관을 해쳐 자주 전정을 해주어야 할 것이다. 그러다가 관리 예산과 인력이 많이 든다는 이유로 더는 도시에 회양목을 심지 않을 테다.

봄에 묘목시장에 가면 나무를 사러온 사람들이 많다. 그들은 나무를 고르며 꼭 이렇게 묻는다. "이 나무 빨리 자라나요?" 내 정원과 마당에서 하루빨리 아름드리나무를 보고 싶은 마음에 묘목을 고르는 사람들은 빠르게 자라는 나무를 선택한다. '속성수'라는 용어는 있지만, 느리게 자라는 나무에 관한 별다른 용어가 없는 것을 보면 인간에게 유용한 것, 우월한 것은 빠르게 자라는 나무라 착각할 만하다.

그러나 우리는 우리도 모르는 새 느리게 자라는 나무는 그 나무대로, 빠르게 자라는 나무는 그 모습대로 이용하고 있었다. 빠르게 자라는 나무라고 다 좋은 것도, 느리게 자라는 나무라고 나쁜 것도 아니다. 빠르게 자라는 나무는 금방 숲을 푸르게 만들지만, 수명이 짧고 목재가 약하며 재해에 쉽게 부러진다는 특징이 있다. 반면 주목이나 회양목처럼 느리게 자라는 나무는 자라는 데 시간이 걸리지만 수명이 길고, 목재는 치밀하다.

생장 속도에 따라 종의 우열을 가릴 필요가 없다. 그저 나무라는 생물 각자 자라는 속도가 다를 뿐이다. 생각해보면 인간 또한 모두 살아가는 속도가 다른데, 나무라고 다를 게 있을까 싶다.

주목은 나무속이 붉어 붙여진 이름이다. 속명 택서스(*Taxus*)는 그리스어로
활을 의미하는데, 활을 만들 만큼 목재가 견고하고 치밀하다. 이것은 생장
속도가 느린 나무의 일반적인 특성이다.

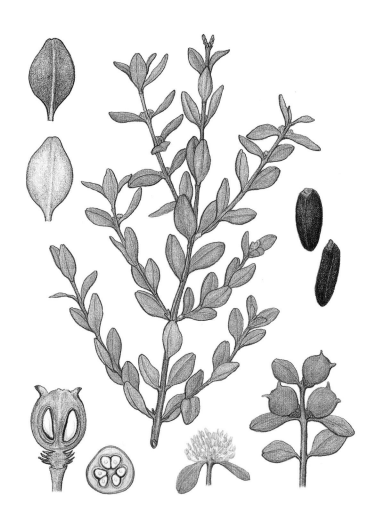

북한 강원도 회양에서 이름이 유래된 회양목. 도시 화단의
회양목은 높이 1미터가 채 되지 않지만 산에 자생하는 개체는
5미터까지도 자란다.

크리스마스트리가 된 전나무

화려한 크리스마스 장식과 함께 연말 분위기가 물씬 나는 계절에는 산과 화단에서나 볼 수 있던 바늘잎나무를 백화점과 대형마트, 카페 등 실내의 크리스마스트리로 만날 수 있다. 나는 크리스마스트리를 보며 생각한다. 숲에서 보아온 바늘잎나무와 무척 다르다고 말이다. 도심에선 형형색색의 조명 전선이 나무를 감싸고 가지마다 아기자기한 장식물이 걸려 있다.

크리스마스트리로 쓰이는 수종이 특별히 정해져 있는 것은 아니지만 겨울에도 푸르른 바늘잎나무가 세계적으로 널리 활용된다. 파인이라 불리는 소나무속, 스프루스라 불리는 가문비나무속, 세다라 불리는 삼나무속, 사이프러스인 측백나무속, 퍼라고 불리는 전나무속이 크리스마스트리로 시장에 유통된다. 그중 가장 많이 활용되는 종류는 퍼, 전나무속이다. 전나무속에는 특산 식물이자 '코리안 퍼^{korean fir}'라고도 하는 구상나무와 분비나무, 조경수로 쓰이는 전나무 종류가 있다.

전나무는 우리나라의 깊은 숲에 주로 분포한다. 나무에서 흰 나무진이 나와 젓나무라 부르던 것이 전나무가 되었다. 끝이 뾰족한 잎이 가지에 빽빽이 달리는데, 바늘잎나무 중에서도 비교적 따뜻한 환경에서 잘 자라며 그늘에서 생육이 가능하기에 우리나라에선 조경수로 많이 심겨왔다. 그러나 공해에 약하다는 사실이 알려지며 점점 도시에서는 사라지는 추세다. 이대로 환경오염이 지속된다면 우리는 앞으로 도시에서 전나무를 보지 못하게 될지도 모른다.

실내의 크리스마스트리로 활용되는 전나무는 수고(나무 높이) 1~5미터가 넘지 않는다. 건축물에 들여놓을 수 있는 크기여야 하기에 트리용 전나무는 작은 크기로 유통된다. 그러나 도시에서의 모습이 나무의 전부라고 여기는 것은 위험한 생각이다. 숲의 전나무는 40미터까지 자라는 거대한 수종이다. 아파트와 상가 한 층의 높이가 평균 3~4미터이므로 10층짜리 건물만 한 나무인 셈이다.

크리스마스트리가 숲의 나무와 다른 또 하나의 특징은 수많은 전구와 전선, 장식물이 나무에 걸려 있다는 점이다. 트리인 바늘잎나무는 모두 겨우내 녹색 잎만을 틔우기에 사람들은 허전해 보인다는 이유로 나무에 조명과 소품을 매달아 화려하게 장식하려고 한다. 그러나 전나무가 늘 녹색 잎만 내보이는 것은 아니다. 풍매화인 전나무는 꽃가루를 바람에 날려서 수정하므로 동물을 유혹할 필요가 없어 꽃이 화려하진 않지만 수많은 노란 꽃가루를 공기 중에 내뿜는다. 이 풍경은 어떤 조명을 비추었을 때보다 화려해 보인다. 그뿐만이 아니라 원통형의 구과가 하늘을 향해 곧게 달린 모습은 트리 꼭대기에 단 별 장식만큼 강한 존재감을 내뿜는다.

도시의 화려한 조명 속에 갇혀 있는 크리스마스트리를 보며 조명 빛과 전구의 열이 나무에 해가 되진 않을지 걱정하는 이들도 있을 것이다. 밝은 조명이 나무의 생장을 가로막는 것은 사실이나 나무가 본격적으로 생장하는 봄 이전 약 2개월 정도 연말 시즌에만 조명을 밝히는 것은 나무에 그리 치명적이지 않다는 연구 결과가 있다. 다만 어린나무는 예외다. 새싹이 나는 데에 방해가 되고 어린 가지에 너무 많은 무게가 가해질 수 있다. 조명 설치 시 나무에 달린 겨울눈을 훼손하거나 전선이 나무를 꽉 붙들어 매어 생장을 가로막는 일도 없어야 할 것이다. 전기 사고로 불이 나서 나무가 타버리는 사례도 잦다. 실외용 조명과 실내용을 구분해 사용해야 하며, 전선을 감을 때에도 나무가 훼손되지 않도록 느슨하게 묶어야 한다.

숲의 전나무에서는 청량하고 시원한 향기도 난다. 이 향기의 정체인 피톤치드는 외부 공격으로부터 자신을 지키기 위한 전나무의 생존 전략이다. 그러나 도시의 전나무 트리에서는 이와 같은 향을 맡을 수 없다.

15년 전 우리나라의 구과식물을 그리는 프로젝트를 진행하며 전나무와 일본전나무, 구상나무, 분비나무 등 전나무속 식물을 그린 적이 있다. 나무마다 자생지와 식재지를 직접 찾아 관찰했는데 20미터가 넘는 거대한 전나무가 드넓게 펼쳐진 숲을 걸으며 맡았던 특유의 향기와 땅에 떨어진 뾰족한 잎을 만졌을 때의 따가운 촉감 그리고 경이로운 크기의 자연물 앞에 스스로가 한없이 초라하게 느껴졌던 감각이 생생하다.

다가오는 크리스마스에는 숲을 찾아보는 것은 어떨까. 숲의 나무에서는 도심에서 만난 크리스마스트리의 화려한 조명도 아기자기한 장식물도 찾아볼 수 없겠지만, 차가운 공기에서 전해지는 전나무의 향기로부터, 수십 년간 누구도 건드리지 않아 제멋대로 자라난 가지와 자유로운 수형으로부터 크리스마스 시즌의 분위기를 충분히 느낄 수 있을 것이다.

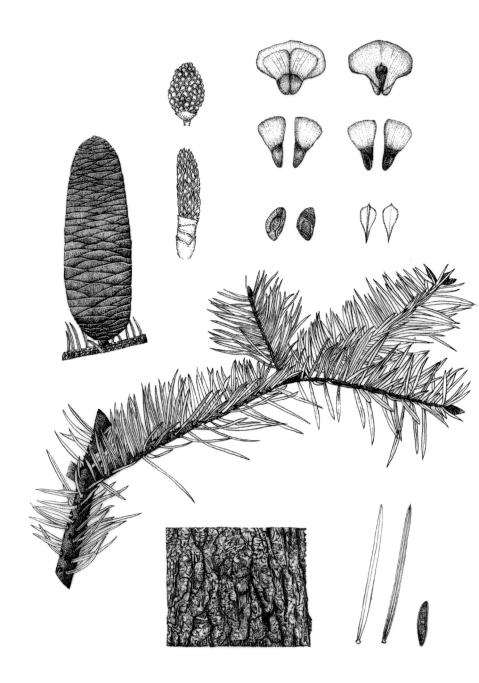

우리나라 전역에 분포하는 전나무는 잎끝이 뾰족하다. 강원 오대산 월정사, 전북 부안 내소사, 경기 광릉의 전나무 숲이 3대 전나무 숲길로 꼽힌다.

CHAPTER. 2

Prunus mume (Siebold) Siebold & Zucc.
Viola mandshurica W.Becker
Magnolia kobus DC.
Magnolia sieboldii K.Koch
Populus × tomentiglandulosa T.B.Lee
Nymphaea tetragona Georgi
Anemone raddeana Regel
Tulipa edulis (Miq.) Baker
Brassica oleracea L. var. sabellica L.
Aesculus turbinata Blume
Oryza sativa L.
Smilax china L.

식물을 바로 바라보기

지금 당신 발밑의 제비꽃

지구에는 다양한 키의 식물이 살아간다. 바닥에 붙어 나는 괭이밥부터 그보다 조금 큰 꽃마리, 꽃다지, 민들레와 더 큰 키의 개나리, 상수리나무, 10미터 이상의 수고를 가진 전나무와 거삼나무까지. 이 식물들을 기록하기 위해 나는 가만히 서서 개체를 내려다보기도 하지만 땅에 붙어난 개체를 따라 몸을 뉘기도, 나보다부쩍 큰 나무를 기록하기 위해 사다리를 오르기도 한다. 무언가를 들여다보기 위해서는 적어도 대상과 같은 높이에 시선을 두려는 노력이 필요한 법이다. 내려다보거나 올려다보는 감각만으로는 대상을 제대로 알기 어렵다.

무릎을 꿇고 몸을 굽힌 채 식물을 관찰하고 있으면, 근처를 지나던 사람들은 내가 특별한 식물이라도 발견한 줄 아는지 내 곁으로 조심스레 다가와서 묻는다.

"뭐 대단한 거 있어요?"

내가 관찰하는 대상이 특산 식물이나 멸종 위기 식물처럼 귀한 종일 때는 사람들은 곁으로 다가와 나와 비슷한 포즈를 취하지만, 내가 바라보는 대상이 아주 흔한 식물일 때는 이내 나를 이상한 사람처럼 취급하고서 자리를 뜬다. 내가 제비꽃 사진을 찍을 때 흔히 겪는 일이다.

사람들의 생각이 틀린 건 아니다. 제비꽃은 숲과 들 너머 도심 어디에서든 흔히 볼 수 있는 들풀이기 때문이다. 갈라진 시멘트 틈 사이, 바위와 콘크리트 위, 벽돌 사이 등 뿌리를 내릴 만한 흙이 있다면 그곳이 어디든 제비꽃은 살 수 있다. 이렇듯 도시에 최적화된 식물로서 우리에게 익숙하다 보니 사람들은 제비꽃을 쉽게 여기고 함부로 대한다. 물론 제비꽃속 식물들이 분포가 넓고 개체수가 많은 것은 사실이지만, 이것이 제비꽃속 모든 종의 사정은 아니다.

우리나라에 분포하는 제비꽃속 식물은 40여 종 정도다. 학자마다 의견이 다르지만, 식물분류학자 이우철 선생은 우리나라에 38종 2변종의 제비꽃속이 있다고 밝혔으며, 이창복 선생은 『대한식물도감』(2003)에 43종을 기재했다. 제비꽃속은 북부 고산지대부터 남부 해안지대까지 한반도 전역에 분포하며, 남산제비꽃처럼 분포지가 넓은 종도 있는 반면 특정 지역에서만 발견되는 종도 있다. 낚시제비꽃, 애기낚시제비꽃, 긴잎제비꽃, 자주잎제비꽃 등은 전라, 경상남도와 제주 해안지대를 중심으로 분포한다.

경기 북부에 거주하는 나로서는 아무래도 여러 종의 제비꽃을 보기가 쉽지 않은데, 경북에 자리한 백암산에서 긴잎제비꽃을 처음 봤을 때가 기억 난다. 잎의 길이가 얼마나 길면 이름에 '긴잎'을 넣었을까 생각해왔는데, 실제로 발견했을 당시 생각과 다른 형태에 조금 놀랐다. 긴잎제비꽃은 긴잎낚시제비꽃의 준말이며, '긴잎'은 낚시제비꽃의 잎보다 길다는 의미였다.

봄과 여름, 내 작업실 주변에서는 호제비꽃과 흰젖제비꽃, 남산제비꽃, 서울제비꽃 등을 볼 수 있다. 제비꽃이라고 다 같지 않을 뿐만 아니라, 같은 종일지라도 어디에 사는지에 따라 잎의 형태와 크기, 꽃의 색과 줄기의 길이 등이 다르다.

그렇기에 식물을 그림으로 그리는 내게 제비꽃은 유난히 다루기 까다로운 식물이다. 식물세밀화는 종의 특징을 드러내야 하는 그림인데, 제비꽃은 교잡이 잦은 편이라 종을 식별하기 어려운 데다 환경 변이가 무척 다양하여, 종의 특징을 잡아내어 기록하기까지 거쳐야 하는 모든 단계가 어렵다. 그 과정에서 나의 고민들은 제비꽃을 더 오래도록 들여다보게 만든다. 식물 기록자에게 제비꽃은 쉬이 지나쳐도 되는 식물이 아니라, 더 면밀히 관찰해야 하는 대상인 셈이다.

일본의 식물 애호가인 야마다 타카히코 씨는 55년간 일본 각지를 돌며 관찰한 자생 제비꽃 60여 종의 기록을 모아 최근 제비꽃 도감(『일본의 제비꽃』)을 출간했다. 그는 제비꽃을 공부하기 위해 한국 · 중국 · 러시아 · 스페인 · 호주 · 북남미 등 세계 곳곳을 탐험했다고 한다. 그러나 이토록 열정적인 제비꽃 연구자에게 사람들은 더 특별하고 귀한 식물도 많은데 왜 굳이 제비꽃을 보러 그 멀리까지 가느냐고 냉소하기도 한다는 것이다.

물론 지구상에는 보전이 시급한 식물, 연구가 선행되어야 할 식물이 있다. 그러나 이것은 순전히 인간이 매기는 순위일 뿐, 식물 사회는 서로의 가치를 계산하지 않는다. 우리에게 진정 필요한 것은 지금 각자의 발밑에 피어나기 시작한 제비꽃을 향해 한 번쯤 무릎 꿇고 들여다보는 성의, 우리 곁에 살고 있는 다양한 식물을 그 자체로 온전히 받아들일 줄 아는 포용이 아닐까 싶다.

우리나라에 분포하는 제비꽃속 식물은 40여 종이다.
그림은 서울제비꽃.

이른 봄마다 우리를 부르는 매화

몇 해 전 봄, 소셜미디어에서 가장 주목받은 식물은 단연코 매화였다. 코로나19로 인해 매년 열리던 식물 축제가 취소되고, 외국 여행뿐만 아니라 국내 여행도 마음대로 다니지 못하는 상황이 되자, 사람들이 도심의 궁궐 식물에 눈을 돌린 것이다. 그중 창덕궁의 한 나무에 유독 사람들이 몰렸다.

창덕궁의 성정각 자시문 앞에는 임진왜란 때 명나라에서 가져온 것으로 추정되는 매실나무 한 그루가 있다. 나도 봄을 맞아 어김없이 그 나무를 보기 위해 창덕궁을 찾았다. 자시문 가까이 다가가자 수백 명의 사람들이 나무 주변을 둘러싸고 사진을 찍는 모습이 보였다. 그런데 그 인파에 무척 놀랄 수밖에 없었다. 나무 한 그루를 보기 위해 청소년부터 노년층까지 이토록 다양한 연령대의 사람들이 모이는 일은 무척 드물었기 때문이다.

그간 매실나무는 옛 식물로서의 이미지가 강했다. 난, 국화, 대나무와 더불어 사군자 중 하나이며, 우리나라 궁궐의 정원수로도 많이 식재되었다. 옛 유물과 유적에서 매화와 관련한 기록을 자주 접할 수 있다는 이유로, 우리에게는 익숙한 식물인 셈이다. 그러다 보니 이색적이고 특별한 식물을 즐겨 찾는 젊은 식물 소비자층에게는 오히려 가까이 하기 어려운 식물이기도 했다. 그러나 코로나19는 우리에게 먼 곳의 존재보다 가까이에 있는 존재의 소중함을 일깨워주었고, 자연스레 매실나무도 그런 존재 중 하나가 되었다.

　매화는 매실나무의 꽃을 가리킨다. 흔히 매화나무라고도 하지만 국가표준식물목록(http://www.nature.go.kr/)은 매실나무를 정명으로 추천한다. 다만 꽃이 피는 시기의 나무를 가리키거나 꽃을 관상하는 목적에서 식재된 경우에는 간혹 매화나무라고도 부른다. 이들은 3월과 4월 사이에 꽃이 피고, 6월이면 열매가 다 자란다. 그리고 열매를 수확해 매실청이나 매실주를 담그는 데에 쓰고, 약으로 먹기도 한다. 매실나무와 매화나무 이름을 두고 벌이는 논란은 꽃과 열매 중 어떤 기관이 더 인간에게 유용한지의 문제일 것이다. 어쨌든 아름다운 꽃을 피우는 식물이 열매까지 유용하니 사람들은 매실나무를 사랑할 수밖에 없다.

　물론 매화가 사군자 중 하나인 것이 꽃의 아름다움이나 열매의 유용함 때문만은 아니다. 매화의 생활형(생물이 그 생활환경의 여러 가지 조건의 장기적인 영향을 받아 만들어낸 생활양식)이 큰 영향을 주었을 것이다. 매실나무는 아직 겨울이 다 지나지 않은 추위 속에서 꽃을 피워낸다. 황량함을 뚫고 피어나는 꽃, 추위를 딛고 깨어나는 꽃의 존재는 과거 사람들에게 용기와 힘을 북돋아주기에 충분했다. 현대의 사람들이 매화 축제를 찾는 것도 같은 이유에서일 것이다. 겨우내 산뜻함에 목마른 이들의 갈증을 해소해줄 만한, 이른 봄 가장 먼저 꽃을 피우는 식물이기 때문이다.

　실제로 매실나무가 속한 벚나무속에는 우리에게도 익숙한 살구나무, 앵두나무, 복사나무, 자두나무, 벚나무 등이 있는데 그중 매실나무가 가장 빨리 꽃을 피운다. 해의 길이도 짧고 매개동물이 적은 계절에 꽃을 피우기란 식물에게도 도전이기에, 이른 봄에 꽃을 피우는 식물의 용기에 깊은 의미를 두는 것을 충분히 이해할 수 있다.

매실나무는 우리나라 자생식물이라고 오해받는 경우가 종종 있지만, 중국 양쯔강 유역 쓰촨성 원산으로 우리나라에 도입돼 식재된 식물이다. 사람들이 매실나무를 두고 오해하는 것이 하나 더 있는데, 바로 왕벚나무로 착각하는 것이다. 매실나무와 왕벚나무가 도심 조경수로 가장 많이 식재되고 있는데, 개화한 매화를 보고 벚나무가 벌써 꽃을 피우기 시작했다고 말하곤 한다. 그러나 자세히 관찰해보면 이 둘은 개화 시기도, 꽃의 형태도 매우 다르다. 왕벚나무보다 매실나무의 개화가 더 이르며, 왕벚나무는 꽃자루가 길어 꽃이 가지에 매달려 있는 반면 매실나무는 꽃자루가 짧아 가지에 붙어 꽃이 난다.

또한 매실나무 꽃의 향은 무척 강하다. 아직 추위가 다 가지 않은 계절, 따뜻한 봄바람이 불어올 때 꽃향기가 난다면 주변을 둘러보길. 그곳에 매화가 있을 것이다. 매화 향기는 기록이 불가능한 식별키다. 향기는 매화를 사진이나 그림이 아닌 실제로 보아야 하는 결정적인 이유다.

식물을 오래도록 들여다보면 눈에 익숙해져 그 아름다움에 무뎌지기 쉽다. 그러나 매화만큼은 그 아름다움에 쉽게 무뎌질 수 없는 존재처럼 여겨진다. 매화는 겨울 한기가 다 가지 않은 계절, 건조한 나뭇가지들 사이에서 용감하게 꽃봉오리를 내고 화사한 향을 내뿜는다. 게다가 이들은 우리나라에 자생하지 않는 식물, 자연이 우리에게 쥐여주지 않은 식물이다. 이것이 수백 년간 우리가 매실나무를 욕심내온 이유일지도 모른다.

첫째 줄 왼쪽부터 매실나무, 복사나무, 살구나무에서 피는 꽃의 모습이며, 둘째 줄은 각 꽃의 옆모습이다. 셋째 줄 왼쪽과 가운데는 왕벚나무 꽃, 가장 오른쪽은 앵도나무 꽃이다.

목련의 이름을 바로 부르기

봄에 들어서면 처음 그림을 배우던 때가 떠오른다. 수업시간에 내가 처음 그렸던 식물은 목련이었다. 내내 연필로 선을 긋고 점을 찍는 연습을 하던 내게 선생님은 식물 사진을 한 장 주며 지금부터 이 사진 속 식물을 그려보라고 하셨다. 사진 속에는 자주색 꽃잎의 목련이 있었다. 꽃잎 바깥은 자주색이지만 안쪽은 흰색이었던 것으로 보아 정확히는 자주목련이었던 것 같다. 목련의 매끈한 꽃잎과 부드러운 겨울눈의 솜털을 묘사하느라 애쓰던 때가 벌써 15년여 전이다. 내가 그린 식물 그림의 시작은 자주목련이었지만, 그 이후 백목련과 목련, 함박꽃나무 등 목련속 식물만 해도 벌써 세 종을 그릴 만큼 시간이 흘렀다. 어느덧 또다시 목련 꽃이 피는 계절이 됐고 문득 창밖으로 바람에 휘날리는 백목련의 흰 꽃잎을 보면서 어릴 적 열정적으로 그림을 배우러 다니던 시절이 떠오른 거다.

학부를 졸업하고 들어간 국립수목원에는 무척 특별한 목련이 있었다. 육림호 앞 거대한 수고의 자주목련이다. 언제 심겼는지는 알 수 없지만 수목원의 다른 목련보다, 또 다른 지역의 것보다 유난히 꽃이 늦게 피었다. 나는 그 자주목련에 꽃이 피면 봄의 한가운데에 다다랐다는 것을 실감하곤 했다. 그 나무는 유난히 북쪽의 가지만 발달했고 꽃도 북쪽을 향해 피었다. 과거 목련을 북향화라 불렀다고도 하니, 꽃이 북쪽을 향해 피는 것이 이 자주목련만의 이야기는 아닌 것 같다. 목련 꽃은 오래전 임금이 계신 북쪽을 향해 피어난다 해서 충절의 의미를 가진 식물로 통했다고도 한다.

근처 덩굴식물원에도 이 자주목련 못지않은 거대한 목련이 있다. 흔히 후박나무와 이름을 혼동하기도 하는 일본목련이다. 키가 어찌나 큰지 나무가 시야에 다 들어오지 않아 한창때는 미처 꽃을 보지 못하다가, 꽃이 질 때 즈음 꽃잎이 땅에 다 떨어지고 나서야 뒤늦게 개화를 눈치 챈다. 늦가을, 단풍잎과 열매가 떨어지는 계절이 되면 이 일본목련 주변으로 열매에서 나온 주황색 씨앗이 군데군데 떨어져 있는 것을 볼 수 있다.

목련, 백목련, 자목련, 일본목련, 태산목…. 우리는 이들을 모두 목련이라 부른다. 목련은 목련속 가족 이름이기도 하지만 식물 한 종의 이름이기도 하다. 그러나 우리가 도시에서 목련이라고 부르는 개체 대부분은 백목련이다. 백목련은 중국 원산의 식물인 반면, 목련은 우리나라 제주도의 숲에 분포하는 귀한 종이다. 백목련과 목련은 둘 다 꽃잎이 희어 언뜻 같은 종으로 착각할 수 있지만 목련은 꽃잎이 6장이며 꽃잎과 꽃받침 길이가 비슷하고, 특히 눈여겨볼 점은 꽃잎 바깥 아래에 연한 자주색 줄이 있다는 것이다. 백목련은 꽃잎이 6장에서 9장이며, 꽃잎이 꽃받침보다 크다. 안타깝게도 우리는 도시에서 목련을 잘 볼 수 없기 때문에 이 둘을 식별할 일조차 많지 않다.

물론 우리 주변에서 백목련만 볼 수 있는 것은 아니다. 산목련이라고도 하는 함박꽃나무는 화단뿐만 아니라 우리 산에서 볼 수 있는 자생식물이며, 요즘 공원에는 꽃이 작은 애기목련과 별목련

종류도 많이 심는다. 꽃이 자주색인 목련도 있다. 꽃잎 안과 겉이 모두 진한 자주색이며 만개해도 꽃이 완전히 벌어지지 않는 자목련 그리고 꽃잎 바깥쪽만 자주색에 안쪽은 흰색이며, 꽃이 활짝 피는 자주목련이 있다.

목련이 피는 계절이면 나는 종종 충남 태안에 위치한 천리포수목원에 가곤 한다. 이곳에는 우리나라에서 가장 다양한 목련속 식물이 식재되어 있다. 이곳의 목련속 식물들은 다양한 형태만큼 개화 시기도 각각 달라서, 4월 내내 순차적으로 고루 꽃피우는 목련을 만나볼 수 있다. 특히 정문 바로 앞에 심겨 있는 목련 '불칸'이 천리포수목원의 트레이드마크라고도 할 수 있는데, 이름처럼 꽃의 자주색 빛깔이 강렬하다.

지난해 천리포수목원에 동행해 함께 목련을 보던 친구가 갑자기 "목련 꽃을 자세히 보니까 꼭 연꽃처럼 생겼다"라고 말했다. 맞는 말이다. 나무 목(木), 연꽃 연(蓮). 나무에서 피는 연꽃이란 의미의 목련은 식물학자들에게도 유난히 귀한 연구 대상으로 여겨져왔다. 피자식물(생식기관으로 꽃과 열매가 있는 종자식물 중 밑씨가 씨방 안에 들어 있는 식물) 중 목련이 지구에서 가장 오래된 식물이라고 알려졌기 때문이다. 그러나 이제는 목련이 아닌 뉴질랜드에 서식하는 암보렐라^Amborella가 지구에서 가장 오래된 피자식물임이 증명됐다.

초봄에는 유독 우리에게 익숙한 식물이 꽃을 많이 피운다. 개나리, 진달래, 매실나무, 왕벚나무 그리고 목련…. 그러나 우리는 지금껏 목련의 이름을 제대로 불러주지 못했다. 다가오는 봄, 목련 각자의 이름을 불러주는 것은 어떨까?

117

우리나라에서 볼 수 있는 목련속 식물들. 왼쪽 위부터 시계 방향으로
자주목련, 목련, 자목련, 백목련.

우리나라에서 자생하는 함박꽃나무는 산목련이라고도 한다.
이들은 5월쯤 흰 꽃을 피운다.

'포플러 나무 아래'의 추억

내 작업실에는 커다란 창문이 있다. 의자에 앉으면 창밖으로 늘 같은 구도의 풍경이 보인다. 하천과 아파트 그리고 둘을 가르는 거대한 포플러 나무. 어느 날 정확한 종이 궁금해져 직접 그 나무에게로 다가가 보았다. 그렇게 나무 아래 섰는데 멀리서는 내 손가락만 해 보이던 나무의 높이가 20미터는 족히 넘었고, 가지는 세모꼴 잎으로 울창했다. 그 나무는 이태리포플러였다.

내 창문 너머 보이는 이태리포플러처럼 누구에게든 일정한 거리를 두고 만나게 되는 나무가 있지 않을까? 아파트 거실 창문으로 보이는 느티나무, 회사 각자의 자리에서 보이는 은행나무, 교실 창밖 양버즘나무 등 그저 멀찍이서 존재를 확인하는 것만으로도 안정감이 드는 그런 나무 말이다.

포플러는 사시나무속(Populus) 식물을 총칭한다. 우리나라에는 사시나무, 황철나무, 당버들 그리고 외국에서 도입된 미루나무와 양버들, 은백양, 이태리포플러 등이 자란다. 포플러가 언제 처음 도입돼 우리 주변에 심겼는지는 정확히 알 수 없지만, 1905년 부산의 한 수원지에 포플러가 조림됐다는 기록이 남아 있다.

이태리포플러는 우리에게 가장 익숙한 포플러 종류가 아닐까 싶다. 1955년 이후에 우리나라에 도입된 나무로, 1962년부터 전

121

국적으로 13만 그루 이상이 식재되었다고 한다. 그 당시 포플러를 우리 주변에 많이 심은 이유는, 포플러가 빨리 자라는 속성수이며 펄프, 성냥갑, 담뱃갑 등의 재료로 효용성이 높은 나무였기 때문이다. 포플러가 많이 심긴 1960~80년대 우리 사회의 목표는 하루빨리 숲을 푸르게 만들고 국민 모두가 먹고사는 데 문제가 없도록 산업을 확장시키는 데에 있었다.

　얼마 전 본가 창고에서 옛 과일 상자를 발견했다. 아버지는 그 상자에 쓰인 목재가 포플러라고 말씀하셨다. 포플러 목재는 비교적 저렴하고 색이 희어서 그 위에 상표나 문구를 찍기 좋고, 못이 한 번 박히면 잘 빠지지 않아 과일과 생선 상자로 많이 쓰였다고 한다. 포플러 나무로 만든 성냥갑도 많아 우리나라에서 식재된 포플러 상당수가 성냥 회사에서 심은 것이란 이야기도 있다. 만약 내가 40~50년 전에 태어나 식물을 그렸다면, 포플러로 만든 화판에 그림을 그렸을지도 모를 일이다.

　그러나 요즘에는 포플러를 잘 심지 않는다. 우리에게 더 이상 포플러가 필요하지 않게 된 것이다. 이제 사람들은 빨리 자라기만 하고 수명이 짧은 나무를 원하지 않는다. 더는 성냥을 쓰지도, 무거운 목재 상자에 과일과 생선을 유통하지도 않는다. 게다가 포플러는 꽃이나 열매가 화려하지 않아 조경식물로서의 수요도 적다. 그간 포플러가 꽃가루 알레르기의 원인으로 지목되기도 하고, 우리 땅에 외래종을 심지 말자는 목소리에 천덕꾸러기 신세가 된 탓도 있지만, 결정적인 이유는 포플러가 더는 우리에게 필요치 않은 나무가 되었다는 것에 있다.

　흔히 미세한 자극에도 크게 떨리는 모습의 비유로 '사시나무

떨듯'이라는 표현을 쓴다. 사시나무속 나무들의 잎이 바람에 흔들리는 모습을 보면 그 비유의 연유를 단번에 이해할 수 있을 것이다. 은사시나무만 봐도 잎자루가 유난히 길고 가느다란데, 정면에서 보면 잎자루 두께가 무척 얇은 반면 측면에서는 두께가 두꺼워 마치 칼국수 가락처럼 납작한 형태를 띠고 있다. 그러니 그 잎들이 바람에 잘 흔들릴 수밖에 없다. 그 모습이 비유적인 표현이 되어 사람들이 흔히 사용하기까지 포플러는 오랜 시간 우리와 함께해온 것이다.

내 작업실에서 보이는 이태리포플러는 1970년대 하천에 줄지어 심긴 개체 중 하나이다. 처음 심겨질 당시에는 곁에 많은 동료 나무가 있었을 테지만, 동네가 신도시가 되어 아파트 단지가 지어지고 공원이 조성되는 시간을 보내는 동안 유일한 포플러로 베어지지 않고 살아남았다.

어릴 때 듣던 가요 중에는 가수 이예린이 부른 〈포플러 나무 아래〉란 곡이 있다. 이 원고를 쓰면서 오늘 아침, 오랜만에 노래를 다시 들어보았는데 "포플러 나무 아래 나만의 추억에 젖네"라는 가사를 들으며, 요즘 시대에는 나올 수 없는 제목이라는 생각이 들었다. 포플러 아래에 서서 추억에 젖는 감성이 보편적으로 통할 수 있던 것은 포플러가 무성했던 1990년대 한국이기에 가능했을 뿐, 지금은 왕벚나무나 몬스테라가 포플러를 대신하고 있고 오히려 나무가 아닌 멋스러운 시설물이 현대인들에게 추억의 매개가 된다.

1965년 출간된 책 『포플러 재배』의 서론에는 이런 문장이 쓰여 있다. "소나무를 심어서 좋은 곳도 있고 이깔나무(잎갈나무)를

심을 곳도 있고 잣나무를 심어서 알맞은 곳도 있다. 또 어떤 곳에
는 포플러를 심어서 이로운 곳도 있다. 그래서 우리는 나무의 적
지를 골라서 원하는 종류의 나무를 식재해보려는 것이다." 이 땅
에 영원히 좋거나 나쁜 나무란 건 존재하지 않는다.

은사시나무의 잎 뒷면은 흰 솜털로 덮여 있고
수피 또한 회갈색이라 바람이 불 때면 나무가
희어 보인다. 그림은 은사시나무의 수피.

우리나라에서 볼 수 있는 포플러의 잎. 왼쪽 위부터 시계 방향으로 은사시나무
(잎 뒷면), 이태리포플러, 사시나무, 황철나무, 은백양(잎 뒷면), 양버들.

125

수련의 계절

어릴 적 〈개구리 왕눈이〉라는 애니메이션을 즐겨 보았다. 수생생물이 물가에서 살아가는 모습을 담은 이 작품의 주인공은 개구리인 왕눈이와 아로미다. 비록 작품 속 세상이긴 하지만 이들은 실제처럼 이동할 때도 걷는 게 아니라 다이빙해 물속에서 헤엄치거나 물 위에 떠 있는 수련의 잎을 디딤돌 삼아 껑충껑충 뛰어다닌다.

〈개구리 왕눈이〉 덕분에 어릴 적부터 수련은 내게 익숙한 식물이었다. 실제로 본 적은 없어도 수련이란 식물을 떠올리면 자연스레 피자 한 조각을 베어 먹은 형태의 잎이 그려졌다. 언젠가 엄마에게 나도 왕눈이와 아로미처럼 물 위에 띄워두고 눕거나 앉아 설 수 있는 수련 잎을 갖고 싶다고도 했다. 물론 그때마다 엄마는 웃어넘겼지만, 6년 전 큐왕립식물원에서 수련 한 종을 마주하면서 나의 어릴 적 바람이 완전히 불가능한 일은 아니란 걸 알게 됐다.

식물은 언제나 인간의 생각을 넘어선다. 수련 중에는 잎의 지름이 3미터가 넘고, 물 위에서 최대 40킬로그램의 중량을 감당할 수 있는 종도 있다. 그것은 바로 아마존빅토리아수련, 우리나라에서 '큰가시연꽃'이라고도 불리는 식물이다.

아마존빅토리아수련은 수련속 식물 중 잎의 크기가 가장 큰 편이다. 그 특별한 형태 덕분에 아마존 열대우림이 원산임에도 우리나라의 여러 온실형 식물원에 전시돼 있다. 그 잎은 매우 두껍고 질기다. 물에 떠 있는 잎의 모양새가 마치 차분하게 앉아 있는 듯하지만, 사실 잎 아랫면에는 물속의 동물로부터 자신을 지키기 위한 날카로운 가시가 있다. 이 가시 덕분에 잎은 더욱 질겨진다.

수련은 자신이 가진 모든 에너지를 잎에 쏟아부은 것 같다는 생각도 든다. 실제로 수생식물은 물을 흡수하고 체내로 이동시키는 데 쓰는 에너지를 절약할 수 있도록 설계됐다. 줄기와 뿌리를 땅에 고정하는 대신 잎을 물에 띄워 광합성을 하는 데 에너지를 집중해, 더욱 강력한 잎을 지닌 식물로 진화하게 되었다. 식물은 보통 공기 노출을 극대화할 수 있도록 기체 교환을 이루는 기공이 잎 뒷면에 있다. 수련과 같은 수생식물은 잎 뒷면이 물에 닿아 있기 때문에 앞면에 기공이 있는 것도 특별한 점이다.

사실 아마존빅토리아수련의 이름이 제대로 명명되기까지는 200년에 가까운 시간이 걸렸다. 이들은 1800년대 초 처음 학자들에 의해 발견되었고 이후 1830년에 신종으로 발표됐는데, 당시 세 명의 개별 저자가 각기 다른 이름을 부여해 발표했다. 국제명명규약(생물의 분류군을 표시하기 위한 학명을 정비하기 위하여 설치한 국제적 규약)상 처음 발표한 이에게 우선권이 있지만 나중에 발표한 존 린들리John Lindley는 자신의 권리를 주장했다. 빅토리아 여왕을 기리는 의미에서 속명을 '빅토리아'로 명명했기 때문에 정치적인 이유에서 양보할 수 없었던 것이다. 그렇게 100여 년이 흘렀고 끝내 학명은 빅토리아 아마조니카(*Victoria amazonica* Sowerby)가 됐다.

수련은 종종 연꽃이라고 불리기도 한다. 둘은 물에 사는 식물이란 점에서 비슷해 보이지만, 수련은 수련과 수련속의 부엽식물(뿌리는 물 밑바닥에 내리고 잎은 수면에 뜨는 식물)이고, 연꽃은 연꽃과 연꽃속에 속하는 정수식물(얕은 물에서 자라며, 뿌리는 진흙 속에 있고 줄기와 잎의 대부분은 물 위로 벋어 있는 식물을 통틀어 이르는 말)이다. 보편적으로 수련은 꽃과 잎이 수면 위에 떠 있고, 연꽃은 물 위 공중에 붕 떠 있는 것으로 식별이 가능하다. 물론 생육 초기의 연꽃은 물 위에 떠 있기도 한다. 또한 수련의 땅속줄기 단면을 자르면 빈자리 없이 속이 가득 차 있는데, 연꽃에는 구멍이 나 있다. 우리는 이것을 연근이라 부르며 먹는다.

불교에서는 흙탕물에서도 항상 깨끗하게 피어나는 수련과 연꽃을 맑고 신성한 존재로 여긴다. 꽃이 피고 지기를 반복하는 모습을 보면서 이들로부터 부활을 떠올리기도 한다. 매년 '부처님 오신 날'이 되면 작업실 근처에 있는 절의 연못에도 수련 꽃이 활짝 핀다.

실상 야생에서 수련과 같은 수생식물은 점점 설 자리를 잃어가고 있다. 사람들의 주거지를 넓힌다는 이유에서 습지, 하천, 호수, 강, 바다 등의 물가를 흙으로 메우고 있기 때문이다. 일부 수생생물의 생존력과 번식력이 마치 우리 강과 습지 생태계를 파괴하는 주원인처럼 보도되는 경우도 있다. 정작 강과 습지가 지닌 생태계 다양성을 해치는 건 인간이 벌이고 있는 남획과 간척 사업인데도 말이다.

수련은 물가에 서식하는 수생생물의 먹이 공급원이기도 한데, 수련의 잎과 꽃가루, 씨앗을 주식으로 먹는 딱정벌레와 거북이도 있다. 수련의 잎은 잠자리의 휴식처가 돼주기도 한다.

지난주 제주의 정원 한곳에서 이제 막 수련 꽃이 핀 것을 봤다. 다가오는 여름에도 수련의 너른 잎은 물속에 사는 생물들의 그늘이 되어주며 기후변화로 높아져가는 물의 온도를 낮춰줄 것이다. 언제나 인간이 벌여놓은 일로 인한 후유증을 안고 살거나 해결해야 할 몫은 인간이 아닌 생물에게 주어지는 것 같다.

아마존빅토리아수련의 줄기와 잎 뒷면에는 날카로운 가시가 있다.
물속 초식동물로부터 스스로를 보호하기 위한 무기다.

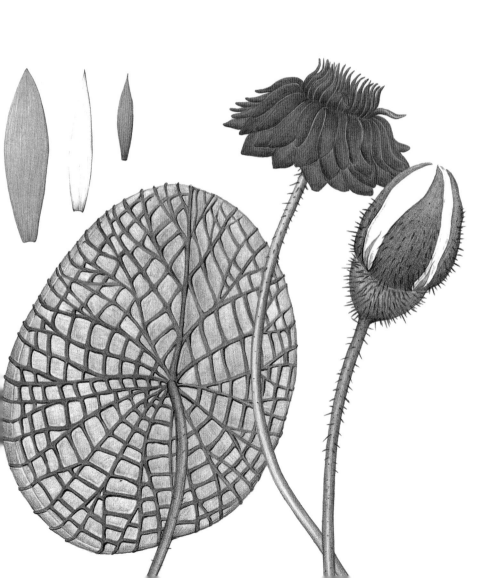

우리나라에 분포하는 수련속 식물로는 각시수련, 미국수련, 꼬마수련,
수련(그림) 등이 있다.

튤립과 아네모네가 사는 숲

머칠 전 도로변 화단에서 식물을 심는 자원봉사자들을 보았다. 한 분은 플라스틱 화분에 들어 있던 팬지 모종을 빼내 화단에 심고, 다른 한 분은 심긴 모종의 흔적을 따라 물을 주었다. 날이 따뜻해지기 시작하는 초봄 흔히 볼 수 있는 도시의 풍경이다. 화단에 닿는 손길이 분주해질수록 우리에게 봄은 한 걸음 더 가까워진다. 아름다운 화단은 그냥 만들어지지 않는다.

나는 매년 이맘때 화단에 막 심긴 모종을 바라보며 이 작은 새싹이 지나온 길을 상상한다. 일단 전국 각지 외곽의 화훼농장에서 재배돼 도시로 모였을 것인데, 농장의 모종과 씨앗 중에는 우리나라 원산인 것도 있지만 대부분 유럽과 아프리카 그리고 일본 등지에서 증식돼 수입된 것이다. 우리가 도시에서 만나는 식물은 예상보다도 더욱 먼 시간과 거리를 지나왔다.

특히 튤립은 대부분 네덜란드와 일본에서 수입된다. 흔히 튤립의 주 재배지는 네덜란드, 고향은 튀르키예로 알려져 있지만, 50~60종의 튤립 원종 중 튀르키예 원산은 단 16종으로, 나머지는 지중해 연안과 중앙아시아에 분포한다.

우리 산에도 튤립 원종이 살고 있다. '산자고'라 불리는 식물은 우리나라에서 자생하는 유일한 튤립속 식물이다. 산자고의 학명은 툴리파 에둘리스(*Tulipa edulis*(Miq.) Baker)로, 우리나라에서는 튤립속을 산자고속이라고도 부른다. 내가 처음 산자고를 만난 건 15여 년 전 충청북도의 한 야산에서였다. 꽃이 크지도 않은 데다 꽃잎이 활짝 벌어지며 피는 모습이 처음엔 튤립이 전혀 연상되지 않았으나, 덜 핀 봉오리 상태의 꽃을 보고 이것은 분명 튤립속이라는 확신이 들었다. 모든 부위가 독특하게 아름답지만 특히 꽃잎 바깥에 난 자주색 무늬가 산자고의 매력 포인트다.

우리 숲에는 요즘 꽃집에서 쉽게 만날 수 있는 라넌큘러스 가족도 있다. 매화마름, 개구리갓, 개구리자리, 젓가락나물 등은 라넌큘러스와 한 가족이다. 이들은 모두 햇빛 아래에서 꽃잎이 반짝이며 광채가 난다. 이 광채는 매개 동물의 눈에 띄어 수분을 하려는 식물의 생존 전략이다. 요즘 꽃 시장에선 라넌큘러스 종류 중 꽃잎이 빛나는 버터플라이 계통이 인기가 많은데, 이들 꽃잎이 빛나는 것도 같은 이유에서다. 식물의 족보를 알고 나면 꽃집과 화단의 식물이 숲의 식물과 별개가 아니라는 사실도 이해할 수 있다.

그렇게 나는 자연스레 꽃집의 식물과 숲의 식물을 연관 지을 수 있게 되었다. 오월의 장미 축제를 보면서 찔레꽃을 떠올리고, 겨울 화단의 팬지를 보며 봄에 피어날 제비꽃을 떠올린다. 도시의 식물은 하나같이 숲의 식물보다 꽃과 형태가 더 화려하며 더 오랜 시간 꽃을 피운다. 그러나 산에 피는 산자고와 매화마름을 보면서 진정한 아름다움이란 화려함과 같은 단편적인 충족이 아니라 존재의 희소성, 결과물을 얻기까지의 시간과 수고 등 복합적인 요인에 의한 감각임을 깨닫는다.

지난주 방문한 종로 꽃 시장 진열대마다 아네모네 화분이 보였다. 자연스레 우리 숲의 아네모네를 떠올렸다. 우리나라에는 이십여 종의 바람꽃이 분포한다. 이들 중 꿩의바람꽃과 홀아비바람꽃, 회리바람꽃, 들바람꽃 등이 속한 바람꽃속의 또 다른 이름은 아네모네다. 그러나 매일 아네모네를 다루는 화훼 종사자조차 숲에서 바람꽃속 식물들을 보면 그냥 지나치기 일쑤다.

얼마 전 지인과 대화를 나누는데 그가 평소 카페에서 자주 먹던 히비스커스차의 주인공인 히비스커스가 우리나라의 국화인 무궁화와 가족인 걸 알고 깜짝 놀랐다고 했다. 그러면서 무궁화는 우리에게 너무 익숙해서인지 예뻐 보이지도 않고 차로 마실 엄두도 안 나는데, 히비스커스는 왠지 예쁘고 신비감 있어 보인다고 솔직한 마음을 덧붙였다. 나는 우리 모두의 마음속에 이런 심리가 잠재해 있을 거라 생각한다.

나의 부모님은 산을 넘어 등교하고, 산을 타며 놀던 세대다. 그들은 튤립 이전에 산자고를 먼저 만났을 것이다. 그렇기에 식물에 특별한 관심이 없어도 어린 시절부터 친숙하게 지내온 야생 식물에 관해 기본 소양을 갖추고 있다.

나는 도시에서 태어났다. 어딘가로 가기 위해 산을 넘을 필요도, 야생식물을 볼 일도 특별히 없었다. 도시에서 자란 내 또래 친구들은 편리하고 쾌적한 환경에 익숙하다. 식물을 보러 산을 오르기보다 도시 안의 정돈된 정원을 찾는 데에 익숙하다.

그리고 이 시대의 어린이들이 만나는 식물은 더욱 한정적이다. 아파트 단지 안에 있는 화단 식물, 식물원이라는 이름의 열대 온실에 심긴 외래 식물…. 세대가 바뀌며 우리는 점점 더 산자고와 바람꽃, 매화마름에서 멀어지고 인간의 손을 거친 튤립 품종과 아네모네, 라넌큘러스 품종에 친숙해질 것이다. 계층 간의 두터운 경계처럼 숲과 도시의 경계 역시 높아만 간다.

우리나라에 자생하는 튤립속 식물인 산자고. 무릇과 닮았고 키가 작아 까치무릇이라고도 부른다. 꽃이 활짝 핀 모습을 보면 튤립이 맞나 싶다가도 봉오리를 보면 튤립속이란 걸 알 수 있다.

아침에 피는 꽃, 밤에 피는 꽃

식물을 그림으로 그리는 과정 중 내가 가장 좋아하는 순간은, 관찰하고자 하는 식물을 찾아 나서서 그 식물을 실제로 마주하는 때이다. 식물은 주로 산에 많고 식물원이나 수목원, 농장 혹은 정원에 있을 때도 있다. 이동하고 움직이다 보면 몸은 고되지만, 그려야 할 식물을 발견한 순간의 황홀함이 자꾸만 나를 식물이 있는 곳으로 떠민다.

그러나 무덥고 습한 날씨에는 나도 어쩔 수 없이 밖으로 나서기가 두렵다. 밝을 때 식물의 형태가 잘 보이기 때문에 한낮에 몸을 움직여야 하지만, 해가 뉘엿뉘엿 질 때까지 외출을 미루고 게으름을 피우고 싶을 때도 있게 마련이다.

나팔꽃, 무궁화, 닭의장풀…. 한여름 주변에서 흔히 볼 수 있는 여름 꽃들이다. 이들에게는 공통점이 하나 있다. 꽃을 보려면 오전에 나서야만 한다는 점이다. 이들은 오전에 꽃잎을 열고 오후에는 꽃잎을 다시 닫는다. 이 식물들은 꽃이 한 번 열리면 내내 피어 있다가 며칠이 흘러 꽃이 지는 것이 아니라, 하루 단위로 오전에 꽃을 열고 오후에는 꽃을 닫았다가 그다음 날 다시 꽃을 여닫기를 반복한다. 그래서 이들의 꽃을 관찰하기 위해서는 이른 오전부터 바쁘게 움직여야 한다. 게으른 인간에게는 만개한 모습을 보여주지 않는 아주 단호한 식물들이다.

식물이 낮과 밤의 길이, 온도와 습도에 민감하게 반응해 꽃과 잎을 움직이는 현상을 수면 운동 혹은 취면 운동이라고 한다. 민들레는 햇빛의 변화에 의해, 나팔꽃과 튤립, 크로커스는 온도의 변화에 의해 꽃을 여닫는다. 초여름 도시 풍경을 환하게 만드는 자귀나무는 늦은 오후가 되면 잎을 오므리는 수면 운동을 한다. 해가 없는 밤에는 광합성을 하지 않기 때문에 잎의 표면적을 최대한 줄여 에너지를 발산하지 않기 위해서다. 사람들은 자귀나무의 이런 모습을 보고 잠을 잔다고 표현하기도 한다.

이쯤에서 한 가지 의문이 생긴다. 꽃이라는 기관의 궁극적인 존재 목적이 수분이라면, 오랫동안 꽃을 피워 수분할 시간을 최대한 많이 얻으면 될 텐데, 왜 굳이 매일 꽃잎을 열고 닫기를 반복하는 것일까?

식물이 꽃잎을 열고 닫는 방식에 관해서는 그동안 연구가 많이 되어왔지만, 왜 이러한 방식으로 진화했는지에 관한 정확한 증거는 없다. 다만 몇 가지 추측은 해볼 수 있다. 우선 수분을 도울 작은 동물들은 주로 낮에 활동하고 밤에는 에너지를 축적하기 때문에, 식물이 굳이 밤에도 꽃을 열고 있을 필요는 없다. 그리고 밤에 꽃을 닫으면 야행성 해충으로부터 꽃가루를 안전하게 보호할 수 있다. 생물학자 찰스 다윈Charles Robert Darwin은 밤 동안의 추위에 꽃가루가 어는 것을 방지하기 위해서 식물이 밤에 꽃을 닫는다고도 생각했다. 게다가 꽃가루가 젖으면 수분율이 급감한다. 건조한 꽃가루가 더 가볍고, 곤충에 의한 이동이 수월하기 때문이다. 따라서 밤새 내린 이슬에 의해 꽃가루가 젖고 무거워지는 것을 막기 위해서 밤에는 꽃을 닫고 있는 걸 수도 있다.

이렇듯 여러 이유를 떠올리다 보면 애초에 식물이 밤에 꽃을 피울 이유가 없을 것 같지만, 자연은 늘 우리의 예상 밖에 있다. 앞서 말한 종들과 반대로 우리 주변에는 낮에 꽃잎을 닫고 밤에 꽃을 피우는 일명 '야행성 식물'도 존재한다. 바로 달맞이꽃. 이름에서 알 수 있듯 이 식물은 오후에 샛노란 꽃을 피운다. 우리에게 익숙한 박꽃도 늦은 오후에 꽃을 피운다. 흰 꽃잎을 사방에 뻗는 형태의 덩굴식물, 하늘타리도 마찬가지다.

그렇기에 하늘타리를 관찰하기 위해서는 늦은 오후에 집을 나서야 했다. 흑막 속에서 흰 꽃잎을 내뿜은 듯한 형태의 하늘타리 꽃은 이것이 식물인지 여느 작은 동물인지 착각할 만큼 기이했다. 다음 날 낮에 다시 하늘타리를 찾으니 전날 밤에 아무 일 없었다는 듯 꽃잎이 축 처져 있었다.

그렇다면 이 식물들은 왜 어두운 밤에 꽃을 피우는 것일까? 가장 큰 이유는 수분을 도울 곤충이 야행성이기 때문이다. 굳이 야행성 곤충의 도움을 받는 이유는 낮에 활동하는 곤충의 선택을 받는 경쟁에 참여하기보다 밤에 활동하는 곤충의 선택을 받는 편이 유리하다는 판단이었을 것이다. 따뜻한 봄과 여름이 아닌, 추운 겨울 동안 꽃을 피우는 복수초와 설강화 같은 겨울 꽃의 선택도 같은 이유에서다.

가끔은 나도 게으름을 피우고 싶을 때가 있다. 그러나 마냥 누워서 휴대폰을 하다가도 지난날 보았던 이른 아침의 나팔꽃과 밤의 하늘타리를 떠올리면, 지금 이 시간에도 바삐 움직이고 있을 식물과 나의 모습이 비교돼 몸을 일으켜 움직이게 된다. 식물을 관찰하다 보면 식물이 느리거나 정적이라는 말을 할 수가 없다.

야행성 곤충에 의해 수분하는 하늘타리와 달맞이꽃은
매개 곤충이 활동하는 밤에 꽃을 피운다.

닭의장풀은 오전에 꽃잎을 열고 오후에는 꽃잎을 오므린다.

겨울 화단을 빛내는 꽃양배추

식물의 삶을 그림으로 그리는 것은 식물의 시간을 따르는 일과 같다. 식물이 바삐 생장하는 봄과 여름에는 나 역시 그 과정을 관찰하느라 바쁘다가도, 많은 식물이 휴면에 들어가는 겨울이 되면 조금의 여유가 생긴다. 그렇다고 겨울에 관찰할 식물이 아예 없다는 이야기는 아니다. 이 계절의 야외 화단은 우리가 상상하는 만큼 황량하지만은 않다. 형형색색의 빛깔을 내어주는 꽃양배추 때문이다. 다른 풀들이 추위에 잠을 자는 동안에도 이들은 매서운 추위 속 도심 거리를 화사하게 만들어준다.

꽃양배추. 이름에서 알 수 있듯 이들은 양배추의 일종이다. 야생겨자로부터 개량된 케일과 양배추를 관상용으로 발전시킨 식물이 바로 꽃양배추다. 이맘때 화단의 꽃양배추를 본 사람들은 두 가지 질문을 던진다. 하나는 굳이 왜 예쁘지도 않은 이 식물을 화단에 심는 것인지 그리고 다른 하나는 이것이 양배추의 일종이라면 먹어도 되는 것인지에 관해서다. 꽃양배추를 본 사람들이 이 이상의 질문을 하는 경우는 없었다.

이들을 화단에 심는 이유는 간단하다. 춥고 긴 겨울 동안 도심을 다채로운 색으로 밝혀줄 만한 거의 유일한 풀이기 때문이다. 품종에 따라 다르지만 꽃양배추는 영하 15도까지 견딜 만큼 추위에 강건하다. 이들이 아니라면 우리나라 중북부 지역의 겨울 화단은 그저 흙빛이거나 맥문동과 같은 풀의 녹색 잎만이 자리할 것이다.

우리나라의 길고도 매서운 겨울 추위를 견딜 수 있는 식물은 그다지 많지 않다. 소나무, 향나무, 측백나무류가 도시 화단에 많은 것은 이들이 특별히 아름다워서라기보다는 겨울 동안에도 녹색 잎을 내어 황량한 풍경을 그나마 푸르게 만들어주기 때문이다.

게다가 꽃양배추의 잎은 흰색, 노란색, 보라색, 분홍색, 자주색 등으로 빛깔이 다채롭다. 그리고 잎의 색뿐만 아니라 형태도 다양해 케일에서 개량된 가느다란 잎부터 양배추에서 변형된 둥그스름한 잎도 있으며 주름진 모양도 각기 다르다. 화단에 심긴 꽃양배추를 가만히 들여다보면 잎과 줄기의 다양성과 가능성에 놀라게 마련이다.

세계에서 꽃양배추를 가장 사랑하는 나라는 일본이다. 유명 품종 중 대다수가 일본에서 육성됐다. 1929년 미국 농무부는 아시아 농업 탐사팀을 만들었다. 이때 한국과 일본, 중국에 파견된 원예학자 하워드 도셋Howard Dorsett은 일본에서 꽃양배추를 발견하고는 그 특별함에 매료돼 미국으로 가져갔고, 이를 시작으로 1936년부터 미국에서 꽃양배추가 대량으로 재배됐다. 다른 식물들처럼 꽃양배추도 미국에서 비로소 산업화된 것이다. 그렇게 꽃양배추는 추운 겨울 풍경을 밝혀주는 세계적인 정원 식물이 됐다.

5년 전 겨울, 일본 교토부립식물원에서 열린 꽃양배추 축제에 다녀올 기회가 있었다. 한국에서 보기 힘든 일본 고유 품종이 한자리에 모인 것은 물론이고 이들을 어떻게 식재하는지에 관한 아이디어를 모색하는 프로젝트도 진행되고 있었다. 꽃양배추는 한 개체씩 식재하는 게 아니라 수십 개의 개체를 무리 지어 식재하는 것이 일반적이기 때문에, 식재 방법에 따라 결과 이미지가 천차만별이다.

원예가와 조경가가 이토록 꽃양배추에 진심인 이유는 1년 중약 4개월이란 긴 시간 동안 화단의 주역이 되는 식물이기 때문이다. 원예가와 조경가들은 겨울에 사람들을 정원으로 이끄는 방법을 오래도록 고민해왔다. 우리나라 사립식물원의 경우 관람객이 없어 수익이 나지 않는 겨울 동안 아예 식물원 문을 닫고 인력을 줄이는 곳도 있기에, 어쩌면 교토부립식물원의 꽃양배추 축제가 그 난제의 힌트가 될지도 모르겠다. 동북아시아에서 꽃양배추를 빼놓고는 '겨울 도시 화단 조성'을 논하기 어렵다.

원예가와 조경가의 고민과는 별개로 화단의 꽃양배추를 본 사람들이 가장 먼저 떠올리는 질문은 이들을 먹을 수 있는가일 것이다. 결론부터 말하면 꽃양배추는 먹어도 된다. 다만 식용 양배추처럼 맛과 식감을 중심으로 육성된 것이 아니라 색과 형태 위주로 육성됐기 때문에 맛은 없다. 꽃양배추를 먹어봤다는 지인의 말로는 맛이 쓰다고 하고, 또 누군가는 품종명에 '도쿄'가 들어간 시리즈만큼은 맛이 꽤 달다고도 한다.

그렇지만 꽃양배추를 굳이 먹어보고자 한다면, 채소를 재배하듯 안전한 환경에서 씨앗이나 모종으로부터 재배한 것들만 식용해야 한다. 도심 화단에 심어진 개체는 증식 과정에서 약을 치거나 재배 과정 중 중금속에 오염됐을 염려가 있기 때문에 절대 먹어선 안 된다.

겨울의 황량한 도심 거리를 화려하게 밝혀주는 꽃양배추를 보자면, 우리 곁에서 관상을 위해 증식된 화훼식물과 식용을 위한 채소, 과일의 경계가 사실은 인간 중심의 분류 체계일 뿐임을 깨닫게 된다.

꽃양배추는 관상을 위해 육성됐다.
'도쿄 화이트', '케일 그린', '핑크 카모메',
'퍼플'(왼쪽 위부터 시계 방향).

마로니에공원의 칠엽수

식물을 공부하다 보면 어릴 적 내가 알던 식물의 정보가 틀렸다는 사실을 깨달을 때가 많다. 어린 시절 자주 지나치곤 했던 대학로 마로니에공원에 있는 대표 격의 나무가 사실은 마로니에나무가 아님을 알게 되었을 때도 적잖이 충격을 받았다.

서울 종로구 마로니에공원은 원래 서울대 문리대와 법대 캠퍼스가 있던 자리에 세워졌다. 경성제국대학 시절부터 있던 마로니에나무에서 착안해 마로니에공원이라 이름 붙여졌다고 알려진다. 나의 어린 시절엔 이곳에서 크고 작은 행사도 많이 열렸다. 마로니에공원은 그야말로 문화 예술의 중심지였다.

내게 이 공원은 무척 의미가 깊다. 사진 앨범을 넘기다 보면 이따금 마로니에공원이 배경으로 등장한다. 초등학교 시절 생애 처음 뮤지컬을 보고 나와서는 엄마와 함께 이곳에서 기념사진을 찍었고, 중학교 시절엔 문화 탐방 동아리 친구들과 늘 마로니에공원에서 만나 연극을 보았다. 대학교 땐 이곳에서 실연당한 적도 있다. 그리고 나의 세 번째 단행본(『식물과 나』)이 출간된 기념으로 이 공원에서 인터뷰 사진을 찍었다. 공원의 나무는 늘 같은 자리에 서서 나의 성장 과정을 함께했다.

'마로니에'는 프랑스명이며 국명은 가시칠엽수, 서양칠엽수

155

혹은 유럽칠엽수다. 5월, 프랑스 파리를 걷다 보면 흰 꽃이 풍성하게 피어 있는 나무들이 줄지어 서 있는 것을 쉽게 발견할 수 있는데, 이들이 바로 마로니에나무다. 물론 마로니에나무와 비슷하게 생겼으나 분홍색 꽃이 피는 붉은꽃칠엽수도 많다.

그런데 대학로 마로니에공원에 있는 나무는 프랑스에서 본 마로니에나무와는 열매의 형태가 조금 다르다. 예전에는 진짜 마로니에나무가 있었는데 지금은 사라진 것일지도 모르겠으나, 지금 공원에 심겨 있는 나무는 마로니에나무가 아니라 그와 비슷한 일본 원산의 칠엽수란 식물이다. 마로니에나무와 칠엽수, 두 종은 칠엽수속 한 가족이며 워낙 수고가 높아서 올려다보는 것만으로는 형태를 식별하기가 어렵다. 그러나 종소명이 히포카스타눔^{hippocastanum}인 마로니에나무와 투르비나타^{turbinata}인 칠엽수는 엄연히 다른 종이다. 칠엽수는 흔히 일본칠엽수, 왜칠엽수라고도 불린다.

칠엽수는 우리나라의 주요 조림수종으로, 높이가 20~30미터 이상 자랄 만큼 수형이 웅장해서 광장이나 공공 빌딩에 많이 심으며 유럽의 마로니에나무처럼 우리나라의 가로수와 녹음수로도 이용된다. 칠엽수라는 이름을 갖게 된 것은 손바닥 모양의 잎 일곱 장이 모여 나기 때문인데, 실제로는 간혹 다섯 장에서 아홉 장까지도 난다. 5월 말쯤 가지에 원뿔꽃차례의 흰 꽃송이가 매달린 것을 볼 수 있고, 꽃이 지고 한여름이 되면 갈색의 동그란 열매가 익기 시작해 초가을에는 그 열매들이 세 갈래로 갈라지면서 땅에 떨어진다. 그 안에는 밤과 비슷하게 생겼으나 밤보다는 큰 씨앗이 있다. 간혹 이 씨앗을 먹어도 되는지에 관한 질문을 받는다. 칠엽수 씨앗에는 전분이 많아 일본에서는 녹말을 채취해 떡을 만든다고도 한다. 그러나 우리나라에 있는 칠엽수는 모두 관상용 조경수이기 때문에, 역시나 중금속에 오염됐을 가능성이 있어 씨앗은 먹지 않는 편이 좋다.

칠엽수와 마로니에나무를 쉽게 식별할 수 있는 방법 역시 이 열매에 답이 있다. 칠엽수는 열매 표면이 반들반들하지만 마로니에나무는 가시칠엽수인 만큼 열매의 표면에 뾰족한 가시가 나 있다. 내가 마로니에공원의 나무가 칠엽수라는 사실을 알게 된 이유도 바로 열매의 형태 때문이었다.

칠엽수와 마로니에나무 외에도 우리나라에서 볼 수 있는 칠엽수속 식물로는 북미 원산의 미국칠엽수, 가시칠엽수와 미국칠엽수 잡종인 붉은꽃칠엽수 그리고 그중 잎이 가장 큰 중국 원산의 중국칠엽수도 있다.

가만히 생각해보면 마로니에공원에 있는 나무의 정확한 종명이 개인적으로는 크게 중요하지 않았던 것 같다. 어쩌면 도시에 사는 나무는 나무 그 자체보다 각 개인과 나눈 역사성에 더 큰 의미가 있는지도 모르겠다. 안타깝게도 도시의 건축물은 하루가 다르게 높아가고, 도시의 나무는 키가 점점 작아진다. 우리 시야를 가린다는 이유에서 칠엽수와 양버즘나무, 은행나무는 베어내고, 그 빈자리에 우리 신경에 거슬리지 않는 작은 조경수 위주로 새로 심는 것이다. 인류는 점점 나무 아래에서 자연을 올려다보고 따르기보다는, 자연 위에 서서 이들을 손안에 넣고 내려다보는 데에 익숙해진다. 우리가 나무를 바라보는 모습은 그렇게 변해간다.

우리나라 주요 조림수종인 칠엽수. 칠엽수는 야생에서 높이 30미터 이상으로 자라며 250년 이상 살 수 있다. 이들은 하나의 꽃차례에 100송이가 넘는 꽃이 모여 핀다.

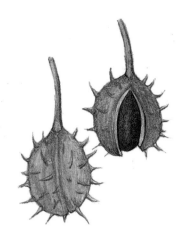

프랑스의 주요 가로수종인 마로니에나무(가시칠엽수)의 열매
표면에는 뾰족한 가시가 있다.

벼의 안부를 묻다

모든 식물에게는 이름이 있다. 그리고 식물은 변형, 가공되어 또 다른 이름을 얻는다. 봄부터 도시 주변에서 볼 수 있는 애기똥 풀은 한의학에서는 백굴채라는 생약명으로 불리며, 뉴질랜드에 분포하는 리기테다소나무는 목재 시장에서 뉴송이라는 이름으로 유통된다. 사람들이 다양한 방법과 형태로 식물을 이용할수록 식물의 이름은 많아진다.

우리나라에서 가장 다양한 이름을 가진 식물은 벼일 것이다. 볍씨가 껍질에서 분리되는 순간 쌀이 되고 쌀은 밥으로 변형돼 조리 상태에 따라 고두밥, 된밥, 진밥, 선밥 등이 된다. 심지어 민속 신앙에서 제사 때 신 앞에 놓는 밥은 메밥, 이 메밥을 작은 놋쇠 솥에 지으면 노구메, 굿을 할 때에 물에 말아 던지면 물밥, 혼령에게 먹으라고 주면 여동밥 등이 된다. 조금 과장해서 말하면 한국 민속사는 벼와 운명을 같이한다고도 할 수 있을 것 같다.

벼는 보통 밭이 아닌 논에서 자란다. 물을 좋아하는 식물이기 때문이다. 언젠가 일본 오사카 근교의 너른 밭에서 벼와 비슷한 식물이 자라는 것을 보고 의아해 했더니 현지 연구자가 벼를 밭에서 실험 재배하는 모습이라고 알려줬다. 벼는 들과 밭에서 재배되기도 한다.

논은 한때 온실가스를 부르는 원인으로 지목된 적도 있다. 벼의 줄기와 뿌리, 가축 분뇨가 분해되며 발생하는 메탄가스 함량이 높다는 게 이유였다. 그런데 알고 보니 이는 연구진이 수치를 잘못 계산한 결과였다. 실제로 논은 대기열을 흡수해 기온이 상승하는 것을 막고, 수생생물들이 살아가기 알맞은 기온과 풍부한 영양분을 유지해주는 생태계의 보고라고 할 수 있다.

내가 벼를 유심히 들여다보게 된 것은 5년 전 독자로부터 한 통의 편지를 받은 후였다. 벼농사를 짓는 농부라고 자신을 소개한 그는 내게 관상용 벼 모종을 보내고 싶다고 했다. 처음엔 벼를 관상한다는 게 이상하게 느껴졌지만, 요즘 정원에서 많이 볼 수 있는 벼과 식물을 떠올리니 그다지 놀랄 일은 아니었다.

벼의 지상부 모습은 독특하기 때문에 자연 정원의 주요 소재로 많이 활용된다. 그렇게 농부가 보내온 난쟁이벼와 아마도 우리나라에서 육성됐을, 품종명을 알 수 없는 자주색 벼 화분을 받았다. 나는 6개월여간 이들을 관찰하며 그림으로 그렸고, 화분을 보내준 농부와 기록을 공유했다.

몇 달 전에는 전혀 다른 이유로 벼를 다시 만났다. 국내의 연구기관에서 특정 시간에만 꽃을 피우는 우리나라 주요 식물을 모아 '한국판 린네 꽃시계'를 만든다며, 꽃시계에 들어갈 식물 그림을 그려달라고 요청을 해왔다. 식물 목록 중에는 벼도 있었다.

벼는 여름부터 초가을까지 꽃을 피운다. 그러나 꽃이 피는 시간이 하루에 짧게는 한 시간, 길어야 네 시간이다. 게다가 벼꽃은 색이나 형태가 화려한 편이 아니다. 자가수분을 하기에 누군가의 눈에 띌 필요가 없기 때문이다. 벼는 짧은 개화 시간 동안 수분을 해야 하기 때문에 개화와 거의 동시에 수분이 이루어진다.

꽃시계에 들어갈 벼를 그리기 위해 나는 벼농사를 짓는 이모부의 논에서 채집한 벼를 관찰했다. 그동안 우리나라에서 자생하는 벼과 식물들을 수없이 그려왔음에도 평생 동안 먹어온 재배 벼의 꽃을 그제야 자세히 들여다보게 되었다.

이모부는 종종 푸념을 늘어놓는다. "쌀값이 점점 더 떨어져서 큰일이네." 재료비와 인건비가 올라 생산비는 크게 늘었는데 쌀의 값어치는 하루가 다르게 떨어진다고 했다. 서구화된 음식 문화로 사람들은 더 이상 예전만큼 쌀을 찾지 않고, 작년 재고가 남아돌아 올해 난 햅쌀이 제 값어치를 받지 못한다고. 벼 재배 농부의 현실적인 푸념을 들은 나는 어떠한 말도 잇지 못했다. 나 역시 하루 종일 밀가루 음식만 먹을 때가 많기 때문이다.

가끔 내게 "저는 식물에 별로 관심 없어요"라고 말하는 사람들이 있다. 그럼 나는 말한다. "먹는 거 좋아하죠? 당신이 먹는 걸 좋아하는 이상 식물에 관심이 없을 수가 없습니다." 유튜브 먹방을 보고, 맛집을 찾아 몇 시간씩 줄을 서서 음식을 먹는다는 것은, 곧 (먹을) 식물을 쫓는다는 말이기도 하다.

그러나 막상 우리는 늘 먹는 마늘의 열매가 어떻게 생겼는지, 보리의 꽃은 언제 피는지에 관해서는 관심이 없다. 이것은 우리가 식물을 오로지 식용 대상으로만 본다는 증거 아닐까. 쌀, 보리, 콩…. 우리가 매일 주식으로 먹는 식물에 관해 우리는 얼마나 알고 있는가. 적어도 "밥 먹었어요?"라고 안부를 묻는 한국인이라면, 이제라도 밥상 위 식물들의 안위에 관심을 주길 바란다.

벼과의 한해살이풀로 아시아 지역 사람들의 주식이 되어온 벼. 꽃차례는 줄기 끝에 달리며 꽃은 한 개의 암술과 여섯 개의 수술로 이루어져 있다.

자연 그대로의 아름다움을 엮다

최근 작업실을 옮겼다. 비좁았던 공간에서 보다 넓은 공간으로 옮기다 보니 필요한 소품과 가구 등 사야 할 것이 많았다. 하다 못해 쓰레기통, 옷걸이, 물건을 집어넣는 바구니까지. 필요한 물건들을 사기 위해 가구, 소품 판매점에 갔더니 라탄 소재 제품으로 가득 채워진 너른 공간이 눈에 띄었다. 공간 앞에는 '사람과 지구'라는 문구가 크게 쓰인 현수막이 걸려 있고, 색과 무늬가 각기 다른 자연 소재 소품들이 30종 넘게 전시돼 있었다.

제품 라벨에 적힌 소재 정보를 보니 라탄과 해초, 부레옥잠, 포플러, 사초와 황마 등 우리에게 익숙한 식물로 만든 것들이었다. 지나가던 직원이 팬데믹 이후 자연친화적 인테리어를 원하는 소비자들이 많아져 라탄 제품 소비가 늘었고, 그런 이유에서 아예 '라탄 특집' 공간을 마련하게 됐다고 말했다.

팬데믹 동안 각자의 벽을 두고 실내에 갇혀 있어야 했던 사람들은 집을 꾸미기 시작했다. 인테리어, 리모델링 열풍이 분 것이다. 사람들은 야외의 자연에서 누려왔던 신선함과 평온함을 충족하고자 집 안에 자연 소재 가구와 소품을 두기 시작했다. 자연 소재란 화분의 식물이나 원목 가구, 목재 소품에만 한정되지 않는다. 라탄으로 만들어진 의자와 바구니, 러그 등 지난해 인테리어 업계에서 라탄은 가장 인기 있는 소재 중 하나였다.

라탄은 식물 줄기와 잎을 엮는 직조 양식에 사용되는 섬유를 의미한다. 라탄의 재료는 동남아시아, 호주, 아프리카 등지에 분포하는 칼라모이데아과의 식물들이다. 이들은 야자나무과에 속하며, 전 세계적으로 600여 종을 둔 거대한 가족이다.

원래 라탄은 로마인들이 바구니를 만들기 위해 개발한 공예품이었으나 점차 고유의 양식으로 굳어졌다. 후에 아시아와 무역이 성행하며 라탄은 서양으로 전해졌고, 빅토리아 시대를 거쳐 빠르게 세계화됐다. 사회가 문명화할수록 그에 반하는 야생적이고 자연스러운 것을 찾는 흐름이 생기게 마련이다.

'라탄 특집' 매대를 경험한 후 작업실을 한 바퀴 훑어보았다. 그리고 나 역시 라탄을 특별히 좋아하고 있다는 걸 깨달았다. 작업실의 강아지 집, 전등 갓, 휴지통, 러그까지 모두 라탄 소재였다. 평소 자연스러운 아름다움에 끌려왔던 터라 나도 모르게 라탄 소재를 애용해왔던 것이다.

물론 라탄의 매력이 자연스러운 이미지뿐인 것은 아니다. 라탄은 다른 어느 소재보다 가볍기에 이동과 운반이 쉽다. 게다가 유연성과 내구성도 강하다. 얼룩이 지면 물과 비누로 닦으면 되고, 통기성이 좋아 젖더라도 자연 건조하면 해결된다. 이렇듯 유지 관리 비용이 별로 들지 않는다. 야외에서 사용하기에도 라탄만큼 효율적인 소재가 없다.

무엇보다 라탄은 친환경적인 소재다. 라탄의 재료인 칼라모이데아과의 야자류는 하루에 평균 2센티미터가 자랄 정도로 빠른 생장속도를 보인다. 이 말은 수확할 수 있는 양이 많다는 걸 의미한다. 2~3년의 수확 간격은 목재 수확 속도보다 훨씬 빠르기에 지속적인 제품 생산이 가능하다. 그리고 100퍼센트 생분해되어 쓰레기로 남지 않는다.

빅토리아 시대를 거치며 라탄 수요는 늘었는데, 그즈음 중국 대공황으로 라탄 공급량이 부족해지자 사람들은 야자나무류를 대신해 갈대를 사용하기 시작했다. 물론 갈대가 야자나무류의 내구성을 완벽하게 대체할 순 없었지만 소재 확장의 기틀을 마련하는 계기는 됐다. 현재 라탄이라 불리는 제품들을 자세히 들여다보면 바나나와 대나무, 포플러, 해초, 부레옥잠 등으로 만든 것이 많다. 이것들은 제품으로 완성됐을 때 색과 무늬, 꼬는 방향 등이 각기 다르다.

우리나라에서 라탄이 흔히 받는 오해가 한 가지 있다. 라탄의 재료가 종종 등나무로 번역되는데, 이 등나무는 우리가 잘 알고 있는, 봄에 보라색 꽃을 피우는 등나무와는 전혀 다른 식물이다. 우리나라 학교 운동장의 등나무는 콩과이며, 라탄의 재료로써 등나무로 오역되는 식물은 야자나무과이다.

라탄은 우리가 원하는 미래 자원의 조건을 두루 갖추었다. 자연스러운 형태와 색을 띠고, 친환경 소재이며, 수공예로 만들어지고, 지속 가능한 생산이 가능하다. 게다가 쓰레기로 남지도 않는다. 미래에 기능성이 더 좋은 신소재의 가구와 소품이 등장하더라도 라탄의 정체성을 대체할 순 없을 것이다.

라탄 소재에 현대적인 디자인을 결합하며 라탄 부흥을 주도한 가구 디자이너 폴 프랭클Paul Frankl은 "라탄이란 더 이상의 장식이 필요 없는 자연 그 자체의 아름다움을 갖고 있다"고 말했다. 나는 그의 말에 전적으로 동감한다. 나 역시 식물을 아름답게 그리거나 장식을 더해 기록할 생각은 없다. 식물은 그 자체로 충분히 아름답다고 믿기 때문이다.

CHAPTER. 2

식물 줄기와 잎을 직조해 만드는 공예품인 라탄에 쓰이는 루덴툼 칼라모스.
이들이 많이 분포한 태국, 라오스, 베트남 등 동남아시아는 대규모 라탄
생산지로 꼽힌다.

수생식물인 부레옥잠은 컵받침(코스터), 식탁 매트, 방석 등으로 만들어져 유통된다.

식물의 잎이 건네는 기회

일본 고치현 마키노식물원에서 일하는 원예가의 초대로 그의 집에 방문한 적이 있다. 식사 전 그가 내어준 다과상에는 녹차와 함께 나뭇잎으로 감싼 떡이 있었다. 나는 떡의 맛보다 떡을 감싼 식물의 정체가 궁금했다. 포크로 잎을 펴보니 금세 떡갈나무라는 것을 알 수 있었다. 떡을 내어준 이도 책장에 있던 도감을 꺼내 참나무속 페이지를 확인시켜주었다. 한입 베어 문 떡에는 싱그러운 숲 향이 묻어 있었다.

10여 년 전 러시아로 여행을 갔을 때도 의외의 장소에서 참나무 잎을 봤다. 식당에서 내어준 오이 피클에 작은 잎 조각이 들어 있길래 현지 동료에게 그 잎의 정체가 무엇인지 물으니 참나무속 식물이라고 알려주었다. 러시아에서는 피클을 담글 때 참나무속 식물의 잎을 함께 넣는데 절임요리에 제격이라고 했다.

떡갈나무는 '덥가나모' 넓은 잎을 덮개로 쓰는 나무라 하여 붙여진 이름이다. 떡갈나무가 속한 참나무속 식물들은 탄닌산에 의해 곤충이나 곰팡이의 공격을 방어해 번성할 수 있었는데, 이 천연 무독성 방부제는 인류의 요리 재료로도 오랫동안 활용되어 왔다.

식물의 잎은 인류의 초기부터 요리 도구로 쓰였다. 음식을 저장하고 옮기는 것에서 시작해, 찌고 삶고 굽는 조리 과정에서도 잎을 이용했다. 식물의 잎은 수분과 풍미를 가두어 음식의 맛을 더하며, 잎에는 항균 효과가 있어 유리, 도자기, 이후 플라스틱 소재의 용기 등이 나오기 전까지는 음식을 담는 용기로 사용하기 적합했다.

우리나라에도 잎으로 감싼 떡이 있다. 망개떡. 이름 때문에 떡을 감싼 잎이 망개나무라 착각하기 쉽지만, 그 잎은 청미래덩굴이다. 경상 지역에서는 청미래덩굴을 망개나무라 불러 망개떡이라 이름 붙여졌다고 알려진다. 식물의 지방명으로 일어나는 흔한 혼동이다.

청미래덩굴은 우리나라 산과 들에서 흔히 볼 수 있는 식물이다. 다만 자생지에서 보게 되는 잎은 매우 두꺼운 편인데, 망개떡의 경우 조리 과정에서 수분이 증발해 잎이 매우 얇고 심지어는 잘게 부서지기도 한다. 잎으로 감싼 덕분에 오래 보관해도 상하지 않고 특유의 향이 난다.

연잎밥도 식물의 잎으로 감싼 대표 음식이다. 연잎은 크기가 매우 크고 표면이 매끄러운 데다 내구성이 있고, 일정 온도 이상에서 독특한 향을 방출하며 항균 효과 또한 있다. 10여 년 전만 해도 연잎밥은 사찰이나 교외 식당에서 먹을 법한 예스러운 음식이라는 이미지가 강했는데, 식문화가 발달한 최근에는 되레 오래 보관해도 상하지 않고 간단히 데워 먹기 좋은 1인용 음식으로서 청년층에게 각광받고 있다. 중국에서는 말린 연잎을 딤섬 포장재로도 활용한다. 한편 우리나라의 연잎밥처럼 일본에서는 말린 대나무 잎으로 주먹밥을 싼다. 대나무가 많은 중국에선 최근 대나무 잎으로 만든 포장 충전재를 개발하기도 했다.

그러나 무엇보다 지구에서 가장 인기 있는 음식 포장 소재는 바나나 잎이 아닐까 싶다. 바나나 잎은 내열성이 좋아 가열 후에도 변형이 없어 조리하기 좋고 항균 효과가 있으며, 해동 후에도 촉촉하고 물에 불리면 천연 오일을 방출해 요리 재료로써도 제격이다.

바나나 잎에 어떤 음식을 담아내는지에 따라 각 나라의 식문화도 알 수 있다. 인도에서는 바나나 잎으로 만두와 카레를 담고 태국에서는 찹쌀밥과 과일을 내놓기도 한다. 멕시코에서는 돼지고기와 양고기 요리를 바나나 잎에 올려 내놓는다.

팬데믹 이후 배달 문화의 발달로 지금 우리는 그 어느 때보다 일회용 용기를 많이 사용하고 있다. 나 또한 바쁘다는 핑계로 일주일에 한두 번은 꼭 배달 음식을 시키는데, 음식을 다 먹고 남은 플라스틱 용기를 볼 때마다 죄책감이 들곤 한다. 환경을 위해 플라스틱 용기 대신 친환경 용기를 사용하는 것을 더는 미룰 수 없게 됐다.

우리가 더위를 피해 실내에 머무는 사이 숲과 들에 사는 식물의 잎은 하루가 다르게 자라고 있다. 그렇게 무성해진 잎은 우리 생활에 방해가 된다는 이유로 기계에 의해 잘리고 뜯기고 버려지기도 한다. 아침에 냉동실에서 꺼낸 연잎밥을 데워 먹으며, 문득 우리가 일상에서 외면하고 있는 잎들을 떠올려보았다. 정원의 소나무, 서양민들레, 무화과나무의 잎…. 매 계절 자연이 계속해서 우리에게 건네는 '잎'이라는 기회를 놓치고만 있는 건 아닐까.

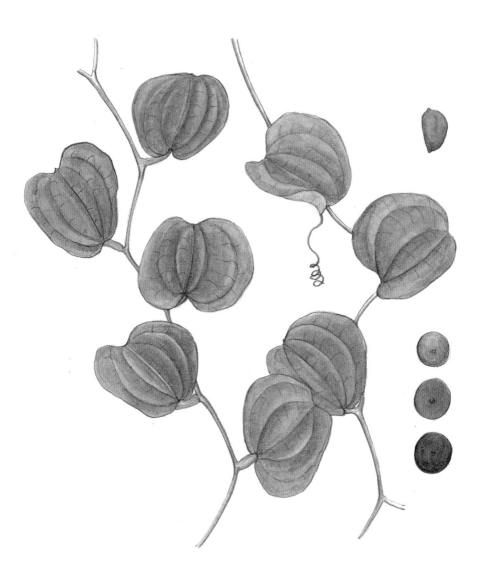

청미래덩굴은 지역에 따라 망개나무, 명감나무 등으로 불린다.
이 나뭇잎으로 감싼 떡을 망개떡이라 부르는데 망개떡은 시간이
지나도 쉽게 쉬지 않고 서로 달라붙지 않는다.

CHAPTER. 3

Symplocarpus koreanus J.S.Lee, S.H.Kim & S.C.Kim
Euphorbia pulcherrima Willd. ex Klotzsch
Houttuynia cordata Thunb.
Amorphophallus titanum (Becc.) Becc.
Pinus koraiensis Siebold & Zucc.
Drosera anglica Huds.
Lonicera caerulea L.
Pinus densiflora Siebold & Zucc.
Campsis grandiflora (Thunb.) K.Schum.
Bidens bipinnata L.
Mimosa pudica L.
Dionaea muscipula J.Ellis

식물의 힘

식물에도 온기가 있다

3년 전, 한 대학의 연구자로부터 강원도에서 발견한 앉은부채 속 신종 식물 관련 논문에 실을 도해도를 그려달라는 요청을 받았다. 그림을 그리기로 하고 처음 생체를 관찰하자마자 이색적인 꽃 형태에 그림을 그릴 의욕이 솟구쳤다. 약 60개의 꽃이 모여 핀 육수꽃차례(꽃대가 굵고, 꽃대 주위에 꽃자루가 없는 수많은 잔꽃이 피는 꽃차례) 곁에는 변형된 잎인 불염포가 마치 후드티의 모자처럼 꽃차례를 완전히 덮고 있었다.

여러 번의 관찰 끝에 깨달았다. 이들이 다소 독특한 형태로 진화한 것은 추운 계절 동안 스스로 열을 발산해 온도를 유지함으로써 꽃차례의 성숙을 돕기 위함이라는 것을 말이다. 그림을 완성한 후 1년여의 시간이 지나 해당 식물은 '한국앉은부채'로 명명돼 세상에 알려졌다.

인간을 포함한 모든 동물은 열을 발산한다. 우리가 동물의 죽음을 두고 '차갑게 식었다'라고 표현하는 것은 열, 온기가 생물이 살아 있음을 의미하기 때문이다. 동물이 열을 발산하는 것은 너무 당연한 일이라 평소 서로가 열을 발산한다는 사실을 특별하게 여기지 않지만, 한겨울 버스정류장 의자에 지나간 이가 남기고 간 체온에서, 개와 고양이를 만질 때 감각하는 털의 따스한 촉감에서 우리는 생물의 온기를 느끼곤 한다.

　그렇다면 식물도 열을 발산할 수 있지 않을까? 우리와 같은 생물인 식물도 온기를 갖고 있지는 않을까? 앉은부채 외에 몇몇 식물은 주변 공기보다 높게 내부 온도를 올리는 능력을 갖고 있다. 식물이 열을 발산하는 것은 번식을 목적으로 하는 경우가 대부분이다. 온도가 높을수록 곤충을 유인하는 휘발성 물질이 더 많이 휘발돼 퍼지기 때문에 열 발산은 수분 매개자를 유인하는 데에 도움이 되고, 온도가 높을수록 에너지를 아낄 수 있기 때문에 생장에도 효과적이다.

　현재까지 연구된 바로는 총 열네 개 과의 식물이 열을 발산하는 것으로 알려진다. 그중에는 우리에게 아주 익숙한 식물도 있다. 셀로움필로덴드론의 꽃이라 불리는 기관은 흰 포엽(잎의 변태로, 꽃이나 꽃받침을 둘러싸고 있는 작은 잎)이 긴 꽃차례를 감싸는 형태인데, 바로 이 꽃차례가 열을 발산한다. 발산된 열은 꽃의 성숙을 도울 뿐 아니라 매개 동물인 딱정벌레를 유인한다. 딱정벌레는 따뜻한 온기를 찾아 필로덴드론의 꽃 속으로 기어들어가 수분을 돕는다. 열 발생 식물 중 많은 경우가 세포에 저장된 탄수화물과 당을 태워 열을 발산하지만, 필로덴드론은 특이하게 지방을 태워 열을 발산한다.

　물론 우리가 필로덴드론의 꽃을 볼 일은 많지 않다. 관엽식물이란 명칭에서 알 수 있듯 이들은 '잎을 관상하는 식물'로 집 안을 푸르게 만들어주는 역할을 하기 때문이다. 사람들은 셀로움필로덴드론의 꽃에는 큰 관심을 갖지 않는다.

　필로덴드론이 속한 천남성과 식물 중에는 내부 온도를 45도까지 높이는 종도 있다. 아룸속 식물들을 열화상 카메라에 비추면 꽃차례 부위만 붉은색으로 선명하게 찍히는 걸 볼 수 있다. 특히 시체꽃이라 불리는 타이탄 아룸은 열로 인해 더 지독한 악취를 발생하며 번식한다. 그 온기를 인간의 감각만으로 가늠하기는 어렵기에, 우리는 기계의 도움을 받거나 식물의 진화 증거인 형태를 관찰함으로써 식물이 열을 방출한다는 사실을 알 수 있다.

복수초는 한겨울에 꽃을 피워 사람들의 이목을 사로잡는다. 다른 식물들이 동면하는 동안 눈과 얼음으로 뒤덮인 땅에서 꽃을 피운다. 겨울에 복수초 주변 땅을 들여다보자. 복수초의 가장자리에만 눈과 얼음이 녹아 있는 것을 발견할 수 있다. 복수초는 글리세롤이란 부동액 성분으로 인해 영하 10도 이하의 온도에서도 얼지 않고 스스로 열을 발산해 눈과 얼음을 녹이고 꽃을 피운다. 열을 발산함으로써 다른 식물보다 이른 계절에 꽃을 피울 수 있고, 과도한 수분 경쟁을 피할 수도 있게 된 것이다.

식물은 뿌리를 땅에 고정하고 있기에 스스로 이동할 수 없고 몸체를 천천히 움직인다. 그래서인지 사람들은 종종 식물이 살아 있는 생물이란 생각을 하지 않는다. 그리고 이로부터 식물과 인간을 둘러싼 많은 문제가 시작되고 만다.

그러나 앉은부채의 꽃을 감싸는 불염포를 관찰하거나, 집에서 재배하는 필로덴드론의 꽃을 지켜보거나, 겨울에 눈 속에서 꽃을 피운 복수초 주변에 녹아 있는 얼음을 보면서, 우리는 식물의 온기를 느낄 수 있고 그들이 우리와 다르지 않은 살아 있는 생물임을 알 수 있다.

앉은부채는 뿌리에 저장된 탄수화물을
태워 열을 발산해 내부 온도를 일정하게
유지하고 꽃을 성숙시킨다. 2021년에 그린
한국앉은부채.

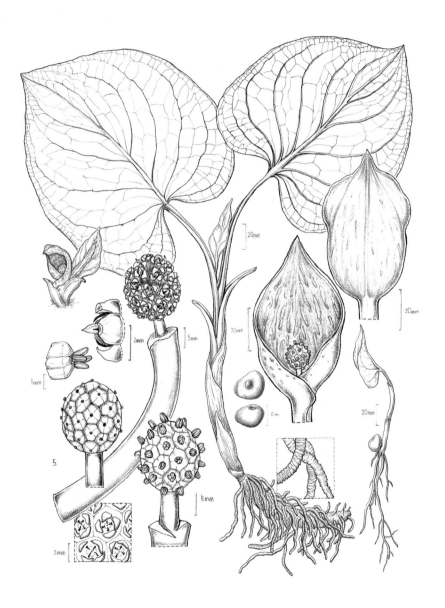

5.

185

관엽식물로 재배되는 셀로움필로덴드론의 꽃은
아름다운 색이나 화려한 형태가 아닌 열을 발산하는
방식으로 수분 매개자를 유인한다.

식물의 독과 함께하는 생활

식물을 관찰하는 동안 나는 식물을 들여다보고 만지고 향기를 맡는다. 그러다 식물에 함유된 성분에 노출되기도 한다. 소나무를 그릴 때는 구과에서 나오는 끈끈한 진액 때문에 늘 손이 지저분했고, 애기똥풀을 그릴 땐 노란 액체가 손에서 쉽게 지워지지 않았다. 백리향은 시원한 향이 내내 몸을 감쌌다.

어느 날 포인세티아를 그리느라 잎을 잘랐더니 단면에서 흰 유액이 흘러나왔다. 관엽식물을 재배할 때 자주 마주하게 되는 물질이다. 나는 한동안 이 유액과 더불어 생활하며 포인세티아 그림을 완성했다. 이후 찾아본 논문에서 이 흰 유액은 라텍스로서 물, 단백질, 당, 탄닌 등으로 이루어져 있으며 동물에게 유해할 수 있다는 것을 알게 됐다. 이전에는 전혀 문제 삼지 않았던 흰 유액을 이제 조금은 조심하기 시작했다.

'독'의 사전적인 의미는 건강이나 생명에 해가 되는 성분이다. 인간에게 유용한 성분을 약이라고 하고, 해가 되는 성분을 독이라고 부른다. 그러나 이것은 인간이 만든 개념일 뿐 누구에게는 약인 것이 누군가에게는 독이 될 수도 있고, 모두에게 유용한 성분이라도 특정인에게는 독성으로 작용할 수도 있다. 독은 고정된 성분이라기보다 이를 마주한 상대에 의해 정립되는 개념이기 때문이다. 내가 만진 포인세티아의 흰 유액 또한 일반적으로 사람에겐 치명적이지 않지만, 피부가 약한 어린이나 특정 동물에게는 피부병을 일으킬 수도 있다.

한편 스위스의 의학자 파라셀수스Paracelsus는 "모든 물질은 독이다"라고 했다. 파라셀수스의 시선으로 바라보면 우리는 늘 독과 함께 살아가고 있다. 내가 매일 마시는 커피에 함유된 카페인은 신체와 정신에 활력을 주지만 과하게 섭취할 경우 구토, 불면증 등을 야기할 수 있다. 뷔페에서 자주 만나는 열대과일 리치는 덜 익은 상태에서는 히포글리신을 함유해 이를 다량 섭취할 경우 저혈당뇌증을 유발할 수 있다. 우리가 고사리를 반찬으로 먹을 때 생체를 말린 후 다시 불려 조리하는 것은 생고사리에 비타민B1을 분해하는 효소 티아미나아제가 함유되어 있어 이를 비독화하기 위함이다. 내가 커피만큼 자주 마시는 버블티의 타피오카의 원료는 카사바라는 식물의 뿌리인데, 카사바에는 시안화물이라는 독성 물질이 함유돼 있어 뿌리를 말리거나 물에 담근 후에 비로소 식용으로 유통된다.

인류는 숲에서 도시로 가져올 식물종을 선별할 때, 조리, 가공 방법을 달리하거나 이용하는 양을 절제함으로써 비독화가 가능한가를 늘 그 선택의 중심에 둔다. 우리가 하루 동안 마시는 커피 양을 조절하고, 특정 과일과 채소의 씨앗이나 껍질을 되도록 먹지 않고, 말리거나 삶아 조리하는 과정을 거치는 것은 모두 식물이 가진 독성에 반응하지 않으려는 인간의 오랜 해독 훈련 때문이다.

호주에 분포하는 식물 유칼립투스에는 탄닌, 테르펜, 청산배당체 등의 독성 화합물이 함유되어 있다. 이는 유칼립투스가 초식동물에게 먹히지 않고 스스로를 보호하기 위해 강구해낸 생존

190

전략이다. 그렇게 유칼립투스는 동물의 먹이가 되지 않았지만 코알라에게만은 예외였다. 유칼립투스의 독성 물질을 분해하는 미생물을 가진 데다 독성이 적은 잎을 선별하는 능력도 있는 코알라는 유칼립투스를 주식으로 먹으며 다른 동물들과 경쟁하지 않고 오스트레일리아 숲에서 널리 번성할 수 있었다. 오랜 기간 독에 적응한 결과다.

유칼립투스 잎을 열심히 먹는 코알라를 보며 '잘 맞는' 관계란 남들에게는 치명적인 단점으로 보이는 각자의 독성을 서로 간해독할 줄 아는 관계가 아닐까 생각했다.

얼마 전 도쿄국립과학박물관 소속의 연구자들이 각자 독에 관해 갖는 인상을 패널에 적어 전시했는데, 그 내용이 흥미로웠다. 식물의 효용성을 연구하는 식물학자들 대부분 독은 곧 약과 같다고 했고, 동물학자들은 독이 무서운 존재라고 답했다. 다만 양서류를 연구하는 동물학자만큼은 독이 친숙하다고 했다. 양서류 중에는 독성을 가진 것이 많다.

개인적으로는 독과 가장 가까이에 있는 버섯 연구자들의 대답이 궁금했는데, 버섯 연구자들은 독이란 절대로 벗어날 수 없는 것이라고 답했다. 대중은 늘 버섯 연구자에게 독버섯에 관한 이야기만 기대한다고 한다. 다시 말해 버섯 연구자들이 벗어날 수 없는 것은 독이기보다는, 독버섯에만 반응하는 대중인 셈이다.

나에게 독은 더불어 살아가는 존재, 피할 수 없는 존재, 그래서 이왕이면 긍정적으로 활용하고 싶은 존재다. 식물을 공부하며 독이라는 글자에 한발 가까워졌고, 그렇게 독에 관한 공포를 덜었다.

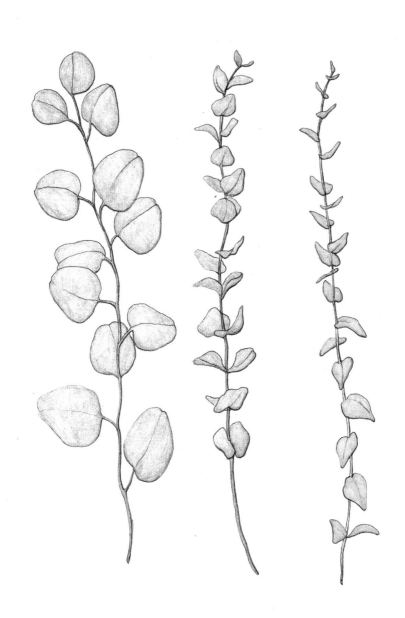

유칼립투스 잎에는 탄닌, 테르펜, 청산배당체 등 독성 물질이
함유돼 있다. 초식동물에게 먹히지 않으려는 생존 전략이다.
식물은 스스로를 지키기 위해 독성을 품기도 한다.
왼쪽부터 실버달러, 시네리아, 스투아티아나, 월로우,
파르비폴리아.

타피오카의 원료인 카사바는 시안화물을 함유하고
있어 물에 녹이거나 말려 비독화한 후 식용한다.

고약한 냄새에도 이유가 있다

5년 전, 한 식물연구기관으로부터 약용식물 중 한 종인 약모밀을 그려달라는 요청을 받았다. 모종부터 재배해 생장 과정을 관찰하며 그려야 했기에 연구자에게 약모밀 생체를 택배로 받았다. 그런데 그 상자를 열자마자 강력한 생선 비린내에 놀라고 말았다. 약모밀의 또 다른 이름은 어성초로, 생선 비린내가 나는 식물이란 뜻이다.

식물을 그림으로 기록하며 나는 수없이 다양한 식물의 냄새를 맡아왔다. 장미의 진득한 꽃 향, 편백나무 숲의 시원한 향, 부추속 식물에게서 풍겨오는 알싸하고 매운 향기. 그중에서도 특히 5월의 제주도 공기에서 나는 달콤한 귤꽃 향과 겨울 잣나무 숲의 상쾌한 바늘잎 향을 좋아한다. 그리고 가을 무렵 계수나무에서 전해오는 달콤한 캐러멜 향도 빼놓을 수 없다. 식물의 향은 종만큼 다채롭고 같은 종의 식물일지라도 잎과 꽃, 열매, 뿌리에서 나는 향이 모두 다르다.

내가 식물 냄새를 유난하게 여기게 된 것은 식물의 고약한 냄새를 맡게 된 순간부터였다. 식물을 공부하기 전에는 당연히 식물들에게서는 향기로운 냄새만 날 것이라고 생각했다. 물론 향기롭다는 말에는 개인적인 취향이 반영되어 있긴 하지만, 그 누가 맡아도 고약하다고 여길 만큼 악취가 나는 식물도 있다는 것을 식물 그림을 그리며 알게 됐다.

약모밀도 그랬다. 정원에서 약모밀을 자주 봐왔지만 늘 실외 공기에 증발하는 냄새만 맡았기 때문에 향의 강도가 이 정도일 줄은 몰랐던 것이다. 물론 금방 냄새에 익숙해졌고 약모밀을 다 그려 완성할 때 즈음엔 더 이상 약모밀에서 악취가 난다고 느끼지 않게 됐다.

식물에서 냄새가 나는 것은 휘발성 유기화합물 때문이다. 휘발성 물질은 공기 중에 흩어지고 증발하면서 수분 매개자를 끌어들이고, 해가 되는 동물을 내쫓기도 한다. 식물은 동물과 냄새로 의사소통을 하는 셈이다. 인간에게 향기롭지 않은 냄새일지라도 어떤 동물에게는 흥미롭거나 유혹적으로 느껴질 수 있다. 앞에서 생선 비린내가 나는 약모밀과 퀴퀴한 냄새가 나는 누린내풀, 누리장나무의 향기 또한 각자의 수분 매개 동물에게만큼은 최적화됐다.

타이탄 아룸, 일명 시체꽃이란 별명을 가진 식물은 지구에서 가장 지독한 향이 난다고 알려져 있다. 나는 큐왕립식물원의 온실에서 이 식물의 냄새를 맡은 적이 있다. 온실 안에 이미 온갖 식물 향이 혼합된 냄새가 가득해서 그런지 타이탄 아룸에게서는 기대만큼 지독한 냄새가 나지 않았다. 동남아 수마트라섬의 열대우림이 고향인 이들의 수분 매개자는 죽은 생물에 알을 낳는 파리와 딱정벌레다. 여름철 음식 쓰레기가 파리를 꼬이게 하듯 타이탄 아룸은 썩은 시체 냄새를 좋아하는 수분 매개자를 끌어당긴다. 한편 남아프리카에서 자생하는 다육식물 히드노라 아프리카나는 수분 매개자 쇠똥구리가 좋아하는 강한 똥 냄새를 풍긴다. 쇠똥구리 취향에 맞춤형인 냄새를 가진 셈이다.

우리가 아무리 식물들이 내뿜는 고약한 쓰레기 냄새나 똥 냄새, 시체 썩은 냄새를 싫어한다고 할지라도, 그 식물들은 인간의 취향엔 관심이 없다. 인간은 식물의 수분에는 도움이 되지 않는, 식물 입장에서는 그저 쓸모없는 동물이기 때문이다.

그럼에도 불구하고 인류는 늘 식물의 향기를 쫓아왔다. 장미의 역사는 향의 역사와 운명을 같이한다. 1953년 연구자들은 장미 향의 원인을 연구했고, 장미로부터 20개의 휘발성 유기화합물을 발견했다. 그리고 50여 년이 흐른 2006년에는 400개의 화합물질에 의해 장미 향이 발생한다는 결과를 도출해냈다.

가끔 인간의 감각과 취향이란 참 가볍고 부질없다는 생각이 들 때가 있다. 아무리 고약한 향일지라도 이것이 건강에 이롭다는 것을 알게 되면 향을 미화하고 좋아하는 경우를 종종 볼 수 있다. 탈모 예방 효과를 기대하며 비릿한 냄새를 참고 약모밀을 머리에 바르고, 몸에만 좋다면 쓰디쓴 약재 냄새를 향긋하다며 흡입하듯 말이다.

이렇듯 감각이 의지에 따라 달라지는 것이라면 초가을 도로변에서 나는 은행나무의 열매 냄새 또한 수용하고 넘어갈 수 있지 않을까. 나무에서 열매를 터는 기계를 개발하고, 천막을 씌워 열매가 땅에 떨어지지 않도록 하여 길에서 은행나무 열매 냄새가 안 나게 하는 것이 식물과 인간 사이의 공존 방법은 아니다. 궁극적인 해결 방법은 우리가 식물이 가진 고약한 냄새를 수용하는 수밖에 없다. 지구의 자연현상을 부정하는 생물은 인간뿐이니까.

약모밀은 메밀과 잎 모양이 비슷해 붙은 이름이다. 이들 잎과 줄기에서 생선
비린내가 나기 때문에 어성초라고도 불린다.

잎에서 퀴퀴한 냄새가 난다는 이유로 구릿대나무라고도 불리는 누리장나무(왼쪽)와 꽃과 잎에서 누린내가 나는 누린내풀(오른쪽). 모두 우리나라에서 약재로 이용하는 약용식물이다.

끈끈한 액체의 정체

평소 주변 사람들로부터 식물 재배 방법에 관한 질문을 자주 받는다. 물을 얼마나 줘야 하는지 또 분갈이를 해줘야 하는지, 식물이 시들어가는 이유는 무엇인지와 같이 보편적인 방법을 묻는 경우가 대부분이다. 그러나 간혹 경험에서 우러나오는 구체적인 질문도 있다. 가령 고무나무를 재배하다 시든 줄기를 꺾었더니 절단면에서 흰색의 끈적한 액체가 나왔다며, 액체의 정체가 무엇인지, 이것이 피부에 안전한지를 묻기도 한다.

결론부터 말하면 우리나라 화훼시장에서 유통되는 관엽식물이 방출하는 액체는 인체에 특별히 위험하다고 볼 수 없다. 그러나 유포르비아속과 같은 식물 중에는 경미한 피부 염증이나 눈 염증을 유발하는 것도 있다. 앞서도 이야기했듯 이러한 관엽식물들이 방출하는 흰색 유액은 라텍스로서 물, 단백질, 당, 탄닌 등으로 이루어져 있다. 알칼리 함량이 높은 고독성 수액을 방출하는 식물일수록 인체에 유해하다.

집에서 재배하는 관엽식물이 흰색 유액을 방출하는 이유는 이들의 고향인 사막은 너무 척박해서 식물이 동물들의 먹이가 되기 쉽기 때문이다. 동물의 공격으로부터 스스로를 보호하기 위해 식물은 동물에게 유해한 성분을 방출하고, 동물에 의해 손상된 줄기와 가지, 잎 절단면을 재빨리 치료하기 위해 상처 부위에 라텍스를 방출해 바이러스에 의한 감염이나 체액 손실로부터 조직을 지켜내야 했다.

식물을 관찰하고 그림으로 그리는 과정에서 손으로 식물을 만질 일이 많기에, 나도 모르게 관찰 중간중간 손을 깨끗이 씻는 버릇이 생겼다. 그럼에도 불구하고 박하, 라벤더와 같이 향이 아주 짙은 허브 식물은 특유의 향이 며칠이고 손에 남아 있던 적도 있다.

잣나무를 그릴 때에는 손에 묻은 점액질의 끈끈함이 문제였다. 잣나무 가지에 달린 구과가 녹색으로 익어가는 모습을 그리기 위해 막 채집한 잣나무를 작업실로 가져와 스케치했다. 왼손으로 구과가 달린 나뭇가지를 들고 오른손으로 스케치를 하면서 잎을 떼고 열매를 이리저리 정신없이 관찰하던 중, 거미줄과 같은 끈끈한 액체가 내 손과 연필, 종이를 휘감고 있는 것을 발견했다. 잣나무 구과에서 나온 점액질 때문이었다. 곧바로 관찰을 멈추고 손을 씻었지만 액체는 잘 씻기지 않았고, 점액질이 가진 강력한 끈끈함은 며칠이 지나도 사라지지 않았다.

나무가 방출하는 액체를 흔히 수액이라고 한다. 수액에는 레진이라는 끈적한 접착 성분이 있는데, 레진은 상처가 난 부위를 보호해 세균, 곰팡이, 바이러스를 막아내는 역할을 한다. 나무 스스로 상처를 치유하는 셈이다. 잣나무가 속한 소나무과 식물에게서 방출되는 수액은 흔히 송진이라고 한다.

이처럼 식물이 방출하는 수액은 스스로를 지키기 위한 방어 수단인 경우가 많지만, 때때로 생존을 위한 공격 수단으로 쓰이기도 한다. 내 작업실에는 긴잎끈끈이주걱이 있다. 7년 전 벌레잡

이식물을 연구하는 동료가 선물한 개체가 세 개의 화분으로 번식했다. 이름에서 추측할 수 있듯 이들은 끈끈한 점액질이 잎 표면의 선모(식물과 곤충 따위의 몸 겉쪽에 있는 털) 끝에 동그랗게 뭉쳐 있다. 이 점액질은 고무나무나 잣나무의 점액질과는 다르게 식물의 양분을 충족해줄 작은 동물이나 곤충을 잡아먹기 위한 공격 수단이다.

척박한 습지가 고향인 끈끈이주걱은 종종 다가오는 곤충이라도 잡아먹으면서 양분을 충족시키며 살아야 했다. 움직이지 못하기에 강력접착제와 같은 점액질을 표면에 방출함으로써 지나는 곤충을 붙잡았고, 점액질에 의해 잎에 달라붙은 곤충은 차츰 녹아 식물의 양분이 되었다.

인간은 식물의 생존 전략조차 인간의 방식대로 이용해왔다. 화학 접착제가 발명되기 전 자작나무 수액을 접착제로 이용하고, 고무나무의 라텍스로부터 고무를 발명했고, 그렇게 문명이 발달했다. 소나무의 수액이 우리 몸을 건강하게 해줄 거라는 소망으로 송진을 약으로 먹기도 한다.

그러나 내가 그림을 그리다 만나는 식물의 끈끈한 액체는 마치 식물의 경고처럼 느껴진다. 자신을 함부로 채집하지 말라는 경고, 또 함부로 만지지 말라는 경고. 포인세티아를 그릴 때 내 손바닥을 흰색으로 물들였던 흰 점액질, 애기똥풀을 관찰할 때 스케치 종이를 노랗게 만들었던 노란 수액 그리고 잣나무를 그리는 동안 나를 끕끕하게 했던 끈끈한 액체 모두 동물을 향한 식물의 저항이었다.

척박한 습지에 사는 끈끈이주걱은 양분을 얻기 위해 잎 선모로 끈끈한
액체를 방출해 곤충을 잡아먹는다.

기울어질지언정 부러지지 않는

가을 학기가 시작되어 학생들에게 질문을 하나 했다. "여러분 기억에 남는 가을 풍경이 있나요?" 골똘히 생각하던 학생들은 대부분 단풍 이야기를 꺼냈고, 누군가는 한강변의 코스모스 밭, 또 다른 이는 달콤한 계수나무 향기를 언급했다. 사실 내 질문에는 정답이 없다. 답을 듣기 위해 질문을 던진 것도 아니다. 질문의 의도는 우리 모두에게 공평하게 주어진 가을이라는 시간 동안 각자 다채로운 풍경을 감각할 준비를 하자는 것이었다.

여름에서 가을로 넘어갈 무렵, 숲에서는 붉게 익어가는 열매가 보이고, 꽃향기보다는 달콤한 잎과 열매 향기가 난다. 잎도 온전한 초록이 아닌 단풍 과도기의 연한 연둣빛을 띠는데, 그 빛깔이 봄의 새 잎과는 확연히 다르다. 보라색 꽃도 유독 눈에 띤다. 연한 보라색 꽃잎의 개미취, 그보다 진한 보라색의 층꽃나무, 보라색에 옅은 회색이 섞인 듯한 빈티지한 분위기의 방아풀, 대표적인 가을꽃인 솔체꽃과 부추속 식물들. 나는 매년 한여름 즈음에 피는 솔체꽃을 보며 가을이 오고 있음을 실감한다.

내가 솔체꽃을 유심히 보게 된 것은 8년 전부터다. 국립수목원에서 일하던 때, 기다란 꽃대 끝에 매달린 보라색 꽃이 바람에 하염없이 흔들리는 장면을 목격했다. 바람이 워낙 많이 불어 어느 순간엔 90도 이상의 각도로 휘어져 흔들렸는데, 이상하게도 줄기가 흔들리고 휘어지면서도 절대 구부러지지는 않았다. 50센티미터 정도의 긴 꽃대 끝에는 무게가 꽤 나가 보이는 머리 모양 꽃이 피어 있었는데도 말이다. 솔체꽃이었다.

그 후 약용식물을 그리는 프로젝트를 수행하면서 솔체꽃을 더 자주 만났다. 가을이 깊어지고 바람이 많이 불수록 솔체꽃 무리는 더 많이 흔들리고 휘어졌다. 그리고 가을비가 내리던 어느날, 이들은 여느 때와는 다르게 꽃대가 땅을 향해 모두 휘어진 채 쓰러져 있었다. 지난밤 거센 비바람을 이기지 못하고 기울어진 듯 보였다. 그러나 줄기가 기울어졌을 뿐 완전히 꺾이지는 않아 생명력은 그대로였다. 강한 바람에 맞서 무게중심을 낮춰 버틴 것으로 보였다.

그해 가을부터 솔체꽃과 코스모스, 산부추처럼 얇고 긴 꽃대를 가진 가을꽃을 유심히 보기 시작했다. 바람에 기울어질지언정 부러지지 않는 이들을 보며 바람과 줄기, 이 둘은 어떤 상관관계가 있는 것일까 관련 문헌을 찾아보았다.

식물의 줄기는 꽃이나 열매 혹은 잎만큼 중요하게 여겨지지는 않지만, 식물을 지탱하는 막대한 역할을 한다. 지상부의 중심에서 식물을 지탱하기 위해 체계적으로 응집된 조직이 줄기를 구성한다. 표피 내부에는 물과 양분이 이동하는 체관과 물관, 형성층이 있고, 이를 통해 줄기는 다른 기관으로 물과 양분을 이동시키거나 더위나 추위로부터 식물을 보호한다.

줄기의 최대 적은 움직이는 공기라고도 할 수 있는 바람이다. 바람이 셀수록 줄기는 더 많이 흔들린다. 줄기가 심하게 흔들릴수록 뿌리를 잡아당겨 토양으로부터 뿌리를 분리시키고, 뿌리의 물

흡수 능력을 저하시키기까지 한다. 그리고 줄기가 바람에 오랫동안 노출되면 줄기 표면이 건조해지는데, 이에 식물은 수분 손실을 줄이기 위해 잎의 모공을 닫는다. 잎의 모공이 닫히면 호흡이 줄고, 그렇게 식물은 제 속도대로 성장할 수 없게 된다.

그렇다고 식물이 바람을 피해 고요한 곳에서만 지낼 수는 없는 법이다. 연구자들은 울창한 숲에 사는 식물과 들판에 드물게 서 있는 식물의 바람 저항성 차이를 실험했다. 그 결과 바람이 덜 부는 울창한 숲에 사는 식물보다 너른 들판에서 홀로 바람을 견뎌온 식물이 바람에 더 강한 저항력을 갖고 있다는 결과를 도출해 냈다. 바람 스트레스 없이 지낸 식물은 갑자기 불어오는 강한 바람에 취약한 반면, 늘 바람을 맞아왔던 식물은 강건하게 그 상황을 버틸 수 있다. 오랫동안 강한 바람에 노출된 식물일수록 줄기와 가지가 두껍게 진화하며, 심지어 특정 지역의 식물은 울창한 숲에서 자라는 식물과 줄기, 가지의 세포 구조마저 다르다는 것이다. 바람은 식물에게 위협적이지만, 식물을 강건하게도 만든다.

아시아와 유럽 고산지대에 주로 자생하며 강한 바람을 경험해온 스카비오사속 식물들 역시 바람에 꺾이지 않도록 질긴 줄기를 가진 채 진화한 것일까? 그럼에도 불구하고 내가 보았던 어느 날의 솔체꽃은 비바람에 땅을 향해 꽃대가 기울어져 있었다. 그러나 쓰러졌을지언정 아예 꺾이진 않았다. 기울어진 줄기는 시간이 지나면 다시 설 수 있다. 솔체꽃이 바람에 흔들리는 가을 풍경은 실상 식물의 줄기가 바람에 저항하며 버티는 모습에 가까운 것이다.

한여름부터 가을까지 꽃이 피는 솔체꽃. 길이가 50센티미터 정도 되는
꽃대 끝에 머리 모양의 꽃이 달린다. 솔체꽃이 바람에 흔들리는 모습은
대표적인 가을 풍경이다.

덩굴식물의 생존법

작업실 뒤 작은 화단에는 서양측백나무와 회양목, 사철나무 등 우리나라 도시 화단에서 흔히 볼 수 있는 식물이 심겨 있다. 그러나 지금 이 화단에서 가장 눈에 띄는 식물은 둥근잎유홍초다. 누가 심지도 않았는데 스스로 화단에 번식한 이들은 자신과는 비교도 되지 않을 만큼 거대하고 두꺼운 나무들을 덩굴줄기로 휘감고 있다.

화단의 둥근잎유홍초, 한강변을 정복한 가시박, 여름의 상징인 능소화와 장미 그리고 주택가 화분의 아이비. 우리 주변에서 가장 쉽게 만날 수 있는 이들은 덩굴식물이다. 덩굴식물은 잎, 줄기와 같은 식물 기관이 변형돼 다른 물체를 감는 형태로 생장하는 식물이다. 풀이나 나무 형태였던 식물이 덩굴 형태로 진화한 것은 더 나은 환경에서 살고자 하는 생물의 소박한 바람 때문이었다.

땅에 붙어 나는 작은 풀들은 주변 나무들에 가려져 햇빛을 적게 받을 수밖에 없고 생장도 느리다. 그런 풀이 햇빛을 더 많이 받기 위해서, 또 주변의 큰 나무 그늘로부터 탈출하기 위해서 다른 식물에 기대어 위로 올라가는 덩굴식물이 됐다. 덩굴식물을 자세히 들여다보면 햇빛을 더 많이 받기 위한 노력이 기관 구석구석 서려 있다. 줄기에서 나온 잎의 잎자루가 유난히 길어서 줄기와 잎이 멀리 떨어진 경우가 많은데, 이는 잎과 줄기가 서로를 가리지 않고 햇빛을 많이 쬐어 더 건강히 생장할 수 있는 비결이며, 꽃도 줄기에서 멀찍이 떨어져 위로 올라가 피기 때문에 매개 동물들이 꽃에 다가오기가 수월하다.

덩굴식물은 각자의 방법으로 다른 식물에 의지해 생장한다. 잎과 줄기를 지지대에 감기도, 뿌리를 지지대에 고정해 양분을 흡수하기도 한다. 덩굴손과 빨판, 갈고리와 같은 기관을 나무에 부착해 위로 올라가기도 한다. 식물 각자가 고안한 방법으로 애써 오르고 생장하는 모습을 관찰하다 보면 하루하루 힘겹게 살아가는 우리 인간의 삶과 크게 다르지 않다는 생각이 든다.

운동장에서 쉽게 볼 수 있는 등나무는 줄기를 지지대에 감으며 올라간다. 시간이 갈수록 줄기는 목질화되어 지지대에 더욱 단단히 고정된다. 이것이 등나무 그늘이 만들어지는 과정이다. 으아리속 식물 대다수도 줄기에서 나온 잎이 지지대를 휘감으며 올라간다.

우리가 자주 먹는 오이, 호박, 수박의 경우 줄기와 잎이 변형된 얇고 긴 실 같은 '덩굴손'이 지지대를 감싸며 오르는데, 이들 줄기에는 공통적으로 털이 나 있다. 이 예민한 털은 지지대의 위치를 파악해 덩굴손을 어디로 뻗어야 하는지 감각하는 역할을 한다.

생각해보면 지지대에 식물을 튼튼히 고정하기에 가장 좋은 기관은 뿌리다. 뿌리는 원래 땅속에 있는 경우가 많지만 필요에 따라 지상으로 뻗기도 한다. 덩굴식물의 공기뿌리는 지지대에 식물의 몸을 고정하는 역할을 한다. 몬스테라와 스킨답서스 그리고 아이비처럼 우리가 집에서 흔히 재배하는 관엽식물은 숲에서는 자신의 뿌리를 나무에 흡착하는 방식으로 멀리 또 높이 생장한다.

숲에서는 나무를 지지대 삼아 오르지만 도시에서는 건축물 담벼락이나 실내 벽면을 타고 오른다.

빨판과 갈고리를 이용하는 식물도 있다. 덩굴장미와 나무딸기는 갈고리를 나뭇가지에 걸어 이를 지지대 삼아 오르고, 담쟁이덩굴의 덩굴손 끝부분에는 빨판이 있는데 그 덕분에 자신보다 250배 무거운 무게를 지탱할 수 있다.

덩굴식물의 빠른 생장은 종종 숲의 질서를 해치기도 한다. 우리나라 생태계교란생물 상당수는 덩굴식물이기도 하다. 그러나 우리가 오이, 호박 같은 채소를 구입하는 데에 큰 비용이 들지 않는 이유, 스킨답서스가 도시 벽면 녹화에 이용되는 이유, 식물 재배를 어려워하는 사람들이 아이비만큼은 집에서 수월히 재배하는 이유는 덩굴식물의 강인한 생명력, 빠른 생장 덕분이다.

세상을 살다 보면 가끔은 오로지 나 혼자만의 힘으로 세상을 헤쳐 간다는 착각에 빠질 때가 있다. 그때는 덩굴식물을 생각한다. 나 혼자의 힘만으로 살아온 것 같지만 나는 늘 부모님의 보호를 받았고, 앞선 세대가 쌓아온 지식을 배우며, 가끔은 누군가에게 폐를 끼치고 성장해왔다. 어른이 된 지금도 가족, 친구 그리고 수많은 사람들로부터 시시때때로 도움을 받으며 살아간다. 우리 모두는 다른 개체의 도움 없이는 성장할 수 없고, 폐를 끼치지 않고 살 수도 없다. 이런 생각을 하다 보면 다른 식물을 지지대 삼아 위로 올라가는 덩굴식물의 생태가 마냥 불편하거나 야비하게 느껴지지 않는다. 이들의 모습이 우리 모습과 크게 다르지 않기 때문이다.

우리나라에 자생하는 덩굴식물인 댕댕이덩굴(왼쪽)과 하수오. 두 종 모두
줄기를 지지대에 감아 올라가며 생장한다.

바람에 퍼지는 작디작은 꽃가루

평소 특별히 좋아하는 꽃이 무엇이냐는 질문을 자주 받는다. 식물을 객관적으로 기록해야 하는 나로서는 모든 식물을 평등하게 대해야 하기 때문에 마음속에 특별히 좋아하는 꽃을 두려고 하지 않는 편이지만, 그중에서도 유난히 기록하고 싶은 꽃, 사람들에게 이야기를 전하고 싶은 꽃은 있다.

바로 소나무, 자작나무, 참나무류처럼 전형적이지 않은 형태의 꽃을 피우는 식물들이다. 이들은 우리가 익히 알고 있는 구조를 가진 꽃이 아니며, 크기도 작고 꽃 색이 잎과 비슷해 인간을 포함한 동물들의 눈에 쉽게 띄지 않는다. 내겐 그런 꽃들을 그림으로 그려 존재를 이야기하고 싶은 마음이 있다.

소나무, 자작나무, 참나무류 식물들은 바람에 의해 수분을 하는 풍매화다. 이들은 곤충의 선택을 받을 필요가 없기 때문에 화려한 꽃으로 진화하지 않아도 됐다. 대신 바람으로 꽃가루를 이동시켜 수분할 때에는 동물을 통할 때보다 수분 확률이 낮아지기 때문에, 풍매화는 충매화보다 많은 양의 꽃가루를 생산한다. 풍매화 나름대로 화려함이 아닌 양으로 존재감을 내비치는 것이다. 연중 4월부터 6월까지 꽃가루가 많이 날리는데, 이맘때 소나무 꽃가루는 사람들의 주목을 받곤 한다.

그 시기에 작업실 창문을 열어두면 책상에 소나무 꽃가루가 뽀얗게 내려앉는다. 내가 식물을 그리지 않았다면 고층 건물 실내까지 꽃가루가 들어오는 이 상황을 이상하게 생각했을지도 모르겠지만, 소나무를 그리느라 꽃가루 형태를 관찰했던 나로서는 이들이 작업실 책상까지 이동해온 것이 이상할 것이 없었다. 오래전 현미경 사진으로 본 소나무 꽃가루는 양쪽에 두 개의 풍선이 달려 있는, 멀리 많이 날아가기 딱 좋은 형태였기 때문이다.

나는 그림을 그릴 때 현미경을 자주 이용한다. 식물을 그리려면 내 두 눈으로는 보이지 않는 꽃받침의 털, 꽃밥의 형태와 같은 것들을 관찰해야 하기에 그럴 때는 현미경 렌즈의 힘을 빌린다. 내가 주로 사용하는 것은 20~50배가 확대되어 보이는 오래된 실체현미경이다. 그러나 식물의 꽃가루나 바늘잎나무의 잎 단면, 혹은 씨앗을 그리기 위해서 이보다 1000배 이상 높은 해상도의 전자현미경의 도움을 받을 때도 있다. 현미경이 만든 이미지를 보고 있으면, 내 눈에 보이지 않는 것이라고 해서 존재하지 않는 것이 아니란 걸 알게 된다. 그리고 무언가를 더 자세히 보고 기록하고 싶은 욕망이야말로 과학기술의 발전과 함께 가장 빠르게 충족되고 있다는 사실까지도.

어렸을 때 어른들로부터 능소화 꽃가루에 관한 조언을 자주 들었다. 능소화 곁에서 손으로 눈을 비비면 그 꽃가루가 눈에 들어가 심하면 실명까지 할 수도 있으니 조심하라는 이야기였다. 능소화 꽃가루가 갈고리 형태라 피부나 옷에 한 번 붙으면 잘 떨어지지 않고, 독성 물질을 함유하고 있어 염증을 일으키며 눈을 실명시킬 수도 있다는 것이다. 이 소문은 우리나라에서 수십 년간 지속됐고, 한쪽에서는 더 이상 능소화를 심지 말아야 한다는 주장까지 나왔다. 그러나 최근 연구 결과에 따르면 이것은 과장된 이야기였다. 능소화의 이 억울한 누명을 풀어준 존재 역시 전자현미경이다. 현미경으로 확대해 찍은 능소화 꽃가루는 갈고리와 비슷한 모양이 아니라, 그저 평범한 그물망 형태의 꽃가루였다.

꽃가루를 소재로 작업하는 예술가도 있다. 영국의 시각 예술가 롭 케슬러Rob Kesseler는 주사전자현미경으로 찍은 흑백 꽃가루 이미지에 각 식물의 꽃 색을 입혀 새로운 꽃가루 이미지를 만들어냈다. 이 작업을 처음 시작한 이는 케슬러이지만, 지금은 전 세계 연구기관에서 각 나라 자생식물의 꽃가루와 씨앗의 현미경 사진에 색을 입혀 만든 이미지로 대중에게 꽃가루의 존재를 이야기한다. 현미경의 발전은 꽃가루라는 매우 작은 기관만으로 종을 식별하도록 할 뿐만 아니라 눈에 잘 보이지도 않는 이 작은 기관의 존재를 사람들에게 알리는 역할을 한다.

늦은 봄, 꽃가루 알레르기에 힘들어 하는 주변 사람들을 보고 있으면 꽃가루를 유독 많이 생산하는 식물들을 꼭 심어야 하나 싶은 생각이 들 때도 있다. 그러나 그런 생각도 잠시, 사실 이들을 심지 않으면 그 피해는 우리에게 온다는 것도 잘 알고 있다. 우리나라에서 꽃가루 알레르기 문제를 일으키는 식물들이 우리 산과 도시를 푸르게 만들어주고 있기 때문이다. 뿐만 아니라 빠른 생장 속도로 건축물과 가구, 종이의 재료가 되거나, 버섯을 재배하는 재료가 되기도 하는 핵심 식물이다. 꽃가루는 결국 우리가 이 식물들을 이용하려면 피할 수 없는, 식물 삶의 한 과정이다.

5월 꽃가루를 가장 많이 날리는 식물 중 하나인 소나무. 소나무의 꽃가루는 양쪽에 풍선 같은 날개가 달려 있어서 더 멀리 많이 날아갈 수 있다.

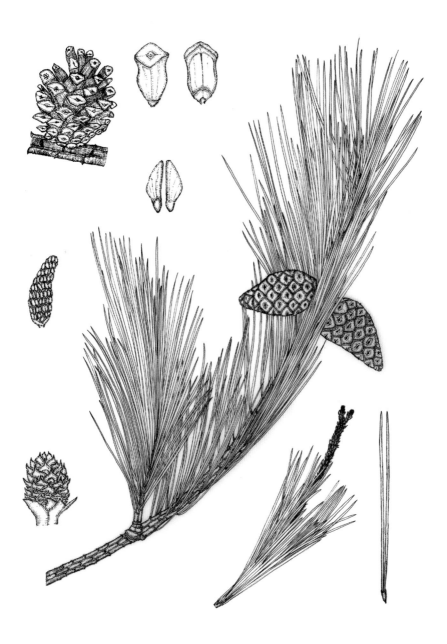

누구보다 멀리 가는 식물

우리 가족의 일원으로 강아지가 있다. 나는 일 때문에 외출을 하거나 강의가 있을 때를 제외하고는 거의 모든 시간을 강아지와 함께 보낸다. 요즘은 우리나라에도 동물 출입이 가능한 식물원과 정원이 하나둘 생기고 있어, 일 때문에 식물을 찾거나 미팅에 나설 때도 종종 강아지와 동행하곤 한다.

강아지와의 나들이는 혼자만의 산책과는 또 다른 즐거움이 있다. 강아지의 속도에 맞춰 천변과 공원, 길가를 걷다 보면 혼자 산책할 때 눈에서 놓치는 식물을 오래 들여다보게 되고, 열매가 무르익는 계절에는 강아지 몸에 달라붙어 딸려온 씨앗들을 떼어내며 우리가 산책한 장소의 식생을 돌아보게 된다.

작업실 앞에 새로 조성된 공원을 산책하고 돌아온 강아지의 몸에는 여느 때처럼 도깨비바늘 씨앗이 덕지덕지 붙어 있었다. 강아지 털에 붙은 씨앗들을 떼어내며 뒤늦게나마 공원에 도깨비바늘이 살고 있다는 사실을 깨닫는다.

지구에서 동물과 식물은 더불어 살아간다. 더불어 산다는 말에는 많은 의미가 내포돼 있지만, 가장 원시적인 행위로 동물은 식물을 에너지원 삼아 먹고 식물은 그런 동물을 이동 수단 삼아 번식해 살아간다.

가을 무렵 숲에는 참나무속 식물들이 떨군 도토리가 많다. 멧돼지와 다람쥐, 청설모 같은 숲의 동물들은 겨울을 나기 위해 도토리를 주워 미리 만들어둔 땅속 보물 상자에 보관한다. 그러나 동물들이 그 장소를 잊고 먹지 못한 경우, 방치된 도토리는 이듬해 그 자리에서 새싹을 피워낸다.

개미는 제비꽃의 씨앗에 붙은 달콤한 성분, 엘라이오솜을 먹기 위해 씨앗을 자신의 집으로 가져간다. 그런데 열매에 묻은 엘라이오솜만 먹고서 씨앗은 집 근처에 버린다. 그리고 그 씨앗에서 새로운 제비꽃이 피어난다. 이것이 제비꽃이 번식하는 방법 중 하나다.

동물 매개 식물에 한해, 동물의 욕망이 나아가는 거리만큼 식물도 나아갈 수 있게 된다. 식물 중에는 동물의 먹이로써가 아닌, 동물의 털이나 깃털에 열매와 씨앗을 부착하는 방식으로 멀리 번식하는 것들도 있다. 이런 식물이 동물의 털과 깃털에 잘 붙기 위해 고안한 방법은 씨앗을 가시나 갈고리 형태로 만드는 것이다. 도깨비바늘, 도꼬마리, 쇠무릎, 미국가막사리, 도둑놈의갈고리, 짚신나물 그리고 우엉….

열매가 무르익는 계절이 되면 식물의 열매껍질과 씨앗이 쉽게 분리되고, 씨앗은 동물의 몸에 붙어 혼자서는 갈 수 없던 먼 거리를 이동한다. 그리고 동물이 몸을 털거나 어딘가에 문지르면 씨앗은 동물에게서 분리돼 닿는 땅에 박혀 번식한다. 때로는 야생동물뿐만 아니라 인간과 함께 사는 반려동물의 몸에 부착돼 인간의 집으로 도달하기도 한다.

물론 인간도 동물이란 점에서 예외는 아니다. 가시, 갈고리 형태의 씨앗은 인간의 옷과 신발에도 잘 달라붙는다. 나는 산책할 때 웬만하면 스웨터는 입지 않는다. 스웨터에는 씨앗과 마른 줄기와 열매 등이 유난히 잘 달라붙기 때문에 산책 후 떼어내려면 꽤 귀찮다.

1941년 스위스의 엔지니어인 조르주 드메스트랄Geoge de Mestral은 강아지와 숲을 산책하다가 강아지의 털과 자신의 바지에 도꼬마리 씨앗이 달라붙은 것을 보고 도꼬마리 가시를 흉내 내어 돌기 형태의 접합 장치를 개발한다. 그리고 이것에 벨벳과 크로셰의 합성어인 벨크로Velcro라는 이름을 붙였다. 벨크로는 우리가 늘 신는 운동화부터 국제우주정거장의 장비에까지 널리 이용된다.

우리는 자주 착각한다. 인간이 지구의 모든 동식물을 거느리는 왕이며 구원자라고. 그러나 소풍 가서 먹다 뱉은 수박이나 참외의 씨앗이 번식해 새로운 열매로 성장할 때, 집에서 먹다 버린 복숭아 씨앗이 쓰레기 매립지 근처에서 나무로 자랄 때, 외국 여행을 다녀온 이의 신발에 붙은 외래식물이 귀화식물이 됐을 때 비로소 깨닫게 될 것이다. 인간은 식물이 더 멀리 또 많이 번식하도록 돕는 매개 동물일 뿐이라는 것을 말이다.

나는 가끔 인간이 식물에게 이용당하고 있는지도 모른다는 생각을 한다. 식물이 지구에서 약 4억 년간 생존할 수 있었던 비결은 새로운 장소에 자손을 널리 퍼뜨리는 것이었다. 우리가 전적으로 식물의 향기와 약효, 아름다움을 이용한다고 생각하지만 한곳에 고정돼 있는 식물은 반대로 자신의 효용성을 이용하는 동물의 이동력을 이용해 살아온 것이다.

우리 머리 꼭대기에서 언제라도 먼저 발을 내디딜 준비가 돼 있는 식물은 그 누구보다 간절히 인간이 지구의 더 넓고 깊숙한 땅에 도달하길, 우주 밖 화성으로 나아가길 바라고 있을지도 모른다.

길가와 하천 주변에 흔히 나는 풀, 쇠무릎의 씨앗은 동물의 털과 사람 옷에 쉽게 달라붙는다. 줄기 마디가 소의 무릎을 닮아 쇠무릎이란 이름이 붙었다.

231

식물도 소리를 낼 수 있다

작년부터 제주의 식물들을 기록하느라 제주도를 자주 오가고 있다. 봄마다 제주도에는 유채꽃이 만발한다. 유채는 기름을 만드는 유지 작물로도 유용하지만, 우리에게는 인물 사진의 배경으로 더 익숙하다. 그래서 유채는 개체 하나하나가 아니라 노란 군락을 이룬 배경으로써 비로소 존재감이 생긴다. 그런데 멋진 사진이 나오려면 노란 꽃이 잘 보이는 곳에 서야 하기에 사람들은 자꾸만 꽃밭 안으로 들어가고, 더 좋은 '인생 샷'을 남기기 위해 더 많은 유채를 밟는다.

나는 울타리를 넘어 꽃밭에 들어간 사람들에 의해 짓눌린 유채, 그렇게 비어버린 노란 땅을 보면서 문득 '식물이 동물처럼 움직이거나 소리를 낸다면 우리가 식물을 그나마 덜 훼손하지 않을까' 하는 생각이 들었다. 우리가 그 어떤 생물보다 식물을 함부로 여기는 이유는 이들이 살아 있는 생물임을 실감하지 못하기 때문이다. 식물이 움직이지 못할지언정 자극에 반응해 소리를 낸다면 우리의 식물을 대하는 태도가 좀 달라질까?

식물이 소리를 내지 못한다는 것은 이미 널리 알려져 있는 사실이다. 그러나 식물이 스스로 소리 내지는 못하더라도 소리를 내는 매개가 될 수는 있다. 국립수목원에는 특별한 정원이 있다.

만들어진 지 얼마 안 된 이 정원의 이름은 '소리 정원'. 이름 그대로 소리를 들을 수 있는 정원이다. 이곳에 심긴 식물이 아주 특별한 종은 아니다. 버드나무류, 개나리, 주목, 산수유…. 여느 정원에서나 흔히 볼 수 있는 나무들이 긴 물줄기를 둘러싸 자란다. 정원에 가만히 서서 귀를 기울이면 물이 흐르는 소리, 그 곁의 개구리 소리, 바람에 버드나무 가지가 흔들리는 소리, 빨간 열매를 먹으러 온 온갖 새소리가 들린다. 이곳의 식물은 스스로 소리를 내지는 못하지만 소리를 내는 다른 생물을 불러들이고, 또 다른 존재와 마찰해 소리를 낸다.

몇 해 전 백목련 꽃 소리를 들은 적이 있다. 세종시의 한 수목원을 걷는데 갑자기 어디선가 '퉁퉁' 소리가 났다. 주변을 둘러보니 나 말고는 아무도 없었다. 다시 걸으니 바로 눈앞에서 백목련 꽃이 퉁 소리를 내며 떨어졌다. 꽃이 떨어지는 모습이야 수없이 봐왔지만 꽃이 떨어지며 내는 소리를 들은 것은 처음이었다. 마침 땅은 고른 흙이었고 백목련의 큰 꽃이 떨어지면서 내는 소리는 꽤 묵직했다. 생각해보면 꽃잎이 떨어질 때나 씨앗이 바람에 날아갈 때 식물은 내가 들을 수 없는 아주 작은 진동과 소리를 낼 수도 있다. 내가 듣지 못한다고 해서 생물이 소리를 내지 않는 것은 아니다.

그 후로 숲으로 식물 조사를 나가거나, 가까운 공원을 산책할 때조차도 귀에서 이어폰을 빼고 음악을 듣지 않게 됐다. 숲에서 나는 소리는 눈으로 보이는 이미지와 후각에서 느껴지는 향기보다도 생명력을 느끼게 하는 힘이 강하다. 물론 그 소리가 식물 스스로 감정을 표현하거나, 본능적으로 혼자 내는 것은 아니지만 말이다.

그런데 2019년, 드디어 식물이 소리를 낸다는 사실이 밝혀졌다. 이스라엘 텔아비브 대학의 식물학 연구팀은 식물이 스트레스를 받으면 인간이 감지할 수 없는 미세한 소리를 낸다는 것을 증명했다. 이 팀은 토마토와 담배를 대상으로 줄기를 절단하거나 물을 주다가 멈추는 방식으로 수분 스트레스를 유도해 식물이 소리를 방출하는 순간의 초음파를 녹음했다.

이때 아무런 스트레스를 주지 않은 상태에서는 식물이 소리를 내는 경우가 시간당 한 번 미만이었으나 줄기를 자른 토마토와 담배에서는 시간당 각각 25번, 15번 소리가 났고, 수분 스트레스 상태에서는 시간당 각각 35번과 11번 소리가 났다. 이것은 스트레스를 받은 식물이 공기 중에 소리를 방출한다는 것을 증명한 최초의 실험이다. 토마토와 담배가 낸 소리의 크기는 우리 청각으로는 듣지 못하는 아주 미세한 수준이지만 생쥐, 박쥐와 같은 동물은 들을 수 있다고 한다.

물론 식물에 성대나 청각기관이 있는 것은 아니다. 연구자들은 이 소리가 물관의 수분이 이동할 때 기포가 형성되어 나는 소리로 추측한다. 이러한 소리가 식물이 본능적으로 내는 것인지, 다른 생물에게 정보를 전하는 차원에서 내는 것인지는 아직 알 수 없지만, 식물 또한 우리와 다르지 않은 '생물'임이 또 한 번 증명됐다.

숲에서 나는 혼자라는 생각이 들지 않는다. 숲의 생물들과 나에게는 시각과 후각에 의한 공감뿐만 아니라 청각, 소리의 공감대가 있기 때문인지도 모른다.

텔아비브 대학의 식물학 연구팀은 담배가 줄기를
잘리거나 수분 스트레스를 받았을 때 미세한 소리를
낸다는 사실을 증명했다. 그림은 담배.

촉각에 민감한 식물

식물을 그림으로 기록하기 위해 식물을 만질 때는 그것을 보거나 냄새를 맡을 때는 느끼지 않는 죄책감에 자주 빠진다. 직접적인 접촉은 상대가 같은 종이든, 동물이든, 심지어 바람일지라도 식물 입장에서 매우 당황스러운 일이 분명하기 때문이다.

주변 상황을 살펴 빠르게 움직일 수 있는 인간인 나조차도 누군가 나를 조금이라도 스치거나 뒤에서 몸을 건드리면 깜짝깜짝 놀라는데, 늘 같은 자리에서 움직이지 않고 고스란히 주변의 공격을 감내해야 하는 식물 입장에서 인간이라는 거대한 동물의 갑작스런 접촉에 얼마나 당황스러울까 싶은 것이다. 물론 이 추측에는 '식물은 촉각을 느낄 수 있다'는 전제가 깔려 있다.

식물은 누군가 자신을 만지는 것을 느낄 수 있다. 모든 식물을 대상으로 실험된 것은 아니지만, 일반적으로 식물은 반복된 접촉에 미세하게나마 스트레스를 받고, 성장이 늦어지기도 한다. 특정 식물의 경우 접촉에 눈에 띄게 명확한 반응을 보이기도 한다.

중남미 원산의 식물 미모사의 영명은 '터치 미 낫^{Touch-me-not}'이다. 이름조차 '나를 만지지 마세요'인 이 식물은 누군가 잎에 손을 갖다 대면 잎을 빠르게 오므리고 몇 분 후 다시 제 상태로 돌아간다. 그 때문에 전 세계 어느 온실을 가든 미모사 곁에는 늘 아이들이 모여 있다. 내가 어떤 행동을 보여도 아무런 반응을 보이지 않는 정적인 식물들 사이에서 미모사만은 빠르게 반응하니 아이들은 미모사 잎의 반응을 즐긴다. 그런 미모사를 보고 사람들은 웃으며 신기해 하지만, 결코 미모사에겐 즐거운 놀이가 아니다.

미모사는 누군가 자신을 만지면 시든 잎처럼 보이도록 잎을 오므려 동물에게 먹히지 않는 형태로 진화했다. 누군가 미모사의 잎에 접촉해 자극을 받으면 다양한 화학물질과 수액이 잎 내부에 확산되고 셀이 붕괴되어 잎을 오므려 쥐어짜는 현상이 일어난다. 이것이 우리 눈에는 미모사가 잎을 오므린 것처럼 보이는 것이다. 식물은 자신에게 위험한 접촉과 그렇지 않은 접촉을 구별할 수 없다. 자신을 지킬 수 있는 방법은 그저 자신을 향한 모든 자극에 예민하게 반응하며, 조심하는 것뿐이다.

자신의 트랩(잎)에 들어온 곤충을 먹으며 에너지를 공급받는 파리지옥 역시 외부 접촉에 빠르게 반응하는 식물이다. 이들의 잎을 만지면 벌렸던 트랩을 닫는데, 이것은 잎에 닿는 존재가 자신의 먹이인 곤충인지 아무런 의미 없는 인간의 접촉인지 알 수 없기 때문에 우선 방어하는 것이다.

이처럼 미모사와 파리지옥이 외부 자극에 의해 잎을 오므리거나 닫으며 반응하는 것은 위험 인자로부터 자신을 보호하거나 양분을 얻기 위해, 이를테면 생존을 위한 진화 형태라고 할 수 있다. 중요한 것은 식물이 외부 자극에 잎을 오므리고 닫으며, 화학물질을 내뿜는 양상이 우리로서는 흥미롭게 느껴질지 모르지만, 당사자인 식물에게는 큰 에너지가 소요되는 일이라는 것이다.

2018년 라트로브 대학의 짐 웰란[Jim Whelan] 교수는 식물이 촉각에 극도로 민감하며, 식물을 반복해 만지면 식물 성장이 현저히 늦어질 수 있다는 연구 결과를 내놓았다. 식물에 반복적으로 접촉할 경우 식물의 성장을 늦추는 유전자 반응을 유발해 30분 이내에 유전체의 10퍼센트가 바뀌고, 성장이 최대 30퍼센트까지 감소한다는 것이다.

농업계에서는 식물에게 적절한 시기, 적정량의 스트레스를 주는 방법으로 새 잎을 틔우거나 꽃과 열매를 열리게 해 식물을 재배하기도 한다. 스트레스를 주면서 식물을 재배한다는 것이 이상하게 들릴지 모르지만, 이를테면 우리 인간 역시 적절한 자극과 스트레스를 받아야 더 열심히 공부하고, 일해서 스스로를 발전시키듯 식물 역시 마찬가지다.

그러나 우리는 모두 알고 있다. 스트레스는 스트레스일 뿐이라는 것을. 적절한 스트레스라는 것은 개체마다 기준이 다르며, 어떤 생물이든 장시간 스트레스에 노출될 경우 정신적·신체적 건강에 무리가 간다. 식물도 마찬가지다.

매일 식물을 만지며 생각한다. 무엇보다 분명한 것은 내가 그림을 그리기 위해 식물을 만지는 것이 식물에게는 전혀 좋을 게 없다는 것. 나의 기록이 이 개체가 속한 종의 보존을 위한 것일지라도, 내 앞의 개체는 나의 의도를 전혀 알 수 없고, 알 필요도 없다. 식물을 사랑하는 마음으로, 해치지 않을 마음으로 식물을 만지고 쓰다듬을지라도 식물이 원치 않는다면 그 행동은 오로지 나의 욕심일 뿐이다. 나는 식물을 만지며 이런 생각을 하지만, 비단 식물에게만 국한해 생각할 일은 아닐 것이다.

신경초라고도 불리는 미모사는 접촉에 의한 자극과 빛,
열 등을 받으면 잎을 오므리며 반응한다.

CHAPTER. 4

Dianthus caryophyllus L.
Salix pierotii Miq.
Platanus occidentalis L.
Prunus tomentosa Thunb.
Liriope muscari (Decne.) L.H.Bailey
Juniperus chinensis L.
Elaeis guineensis Jacq.
Euonymus alatus (Thunb.) Siebold
Corylus heterophylla Fisch. ex Trautv.
Rhipsalidopsis gaertneri (Regel) Moran
Betula pendula Roth
Ananas comosus (L.) Merr.

식물과 함께하는 생활

편집당한 카네이션

계절을 떠올리게 하는 식물이 있다. 복수초는 늦겨울, 개나리는 초봄, 무궁화는 한여름을 떠올리게 한다. 식물로부터 특정한 계절을 떠올리게 되는 것은, 그 시기에 꽃을 피우거나 열매를 맺어 그 존재감이 눈에 띄기 때문이다. 그리고 나는 패랭이꽃속 식물을 보며 5월을 떠올린다. 이들이 5월에 꽃을 피우는 것도, 열매를 맺는 것도 아닌데 뜬금없이 5월을 떠올리는 것은 꽃 시장에 유통되는 패랭이꽃속 식물인 카네이션 때문이다.

카네이션은 5월을 상징하는 식물이다. 스승의날과 어버이날 사람들은 감사의 마음을 표현하기 위해 부모님과 스승에게 카네이션을 선물한다. 이렇듯 카네이션이 어버이날 감사의 의미를 가진 식물로 쓰인 것은, 1907년 미국의 애나 자비스Anna Jarvis라는 사회활동가가 카네이션을 몸에 달고 어머니의 추모식에 참여하면서부터라고 알려진다.

그리고 우리나라는 어쩌면 전 세계에서 이 관습이 가장 철저히 유지되는 곳이다. 그 덕에 우리나라에서 카네이션은 연장자에게 감사를 표할 때 선물하는 식물로서의 이미지가 강하지만, 사실 장미, 국화, 튤립과 함께 세계 4대 절화에 속하며 장미 다음으로 인기 있는 절화다. 알게 모르게 결혼식과 같은 행사나 선물용 꽃다발에도 자주 활용된다.

언젠가 지인이 애인에게서 받은 꽃다발에 카네이션이 많이 들어 있다며 연장자를 대하는 듯해 섭섭하다기에, 나는 카네이션이 장미와 다르지 않다는 말과 함께 절화로서의 위상을 설명해줬다.

카네이션은 석죽과 패랭이꽃속의 카리오필루스종을 개량한 식물이다. 우리가 아는 형태의 카네이션이 되기까지 패랭이꽃은 많은 변화를 거쳐야 했고, 그 변화 속에서 본성을 포기해야 했다. 식물종의 삶도 인간종의 삶과 크게 다르지 않다.

식물학자 칼 폰 린네는 카네이션의 원종을 가리켜 정향 냄새가 난다며 이들 종소명에 정향의 종소명 '카리오필루스'^caryophyllus를 부여했다. 그러나 꽃집의 카네이션에는 정향과 비슷한 향조차도 나지 않는다. 호불호가 갈리는 정향 향기는 육성 시 단호히 제거됐기 때문이다. 카네이션은 향기 대신 수명 연장을 선택당했다. 카네이션이 절화로서 인기 있게 된 요인 중에는 절화 수명이 길다는 특성이 있다. 카네이션을 꽃병에 꽂아두면 장미나 튤립보다 한 주 이상 더 오래 피어 있다. 꽃병에 꽂아둔 절화가 천천히 시든다는 것은 이들을 관상하는 인간 입장에서 최대 장점이 아닐 수 없다.

우리가 아는 카네이션의 색과 형태는 이들을 200년간 육성하고 재배하면서 진행된 산업화의 산물이다. 한순간 꽃이 피었다가 지는 숲의 패랭이꽃속 식물과 달리, 카네이션은 1년 내내 꽃이 핀다. 줄기는 길고 곧으며 꽃잎은 크고 화려하다. 카네이션 원종과 재배종을 비교해보면 줄기의 길이가 확연히 다르다. 패랭이꽃속 식물은 줄기가 짧고 가는 것이 특징인데, 카네이션은 줄기가 곧고 길다. 줄기가 짧으면 꽃병에 꽂아 절화로 활용할 수 없기에, 패랭이꽃속 중 가장 키가 큰 종을 선택한 후 줄기를 더욱 곧게 육성한 것이다. 최근에는 패랭이꽃속 특유의 꽃잎 가장자리 핑킹 거치를 지우고 가장자리를 매끄럽게 육성한 카네이션도 유통되고 있다.

나는 소설이나 영화 속에서 사회적 약자가 지나치게 평면적이고 납작한 캐릭터로 그려질 때 종종 괴로움을 느낀다. 약자를 잘 그려보자는 마음에서 그를 착하고 무해하고 너그러우며 이타심 많은 이상적인 인물로 설정하는 것은, 사실 약자라면 이래야 한다는 잠재적 편견이 내재된 결과다. 그리고 대중은 성격이 나쁘지만 착한 면도 있는, 폭력적이지만 가끔 다정할 때도 있는 입체적인 캐릭터의 강자에게 매력을 느끼곤 하지만, 그와 같은 캐릭터가 약자일 경우에는 거부감을 느끼는 듯하다. 강자에게서 마음에 안 드는 부분은 내가 어쩔 도리가 없으니 매력으로 치환해 생각하는 것이 편하고, 약자는 내가 조종할 수 있다는 생각에 쉽게 비난한다.

사람들은 식물 또한 평면적인 캐릭터로 만들어왔다. 카네이션을 꽃잎이 풍성하고 색이 화려하며 절화 수명이 길고, 병에 꽂을 수 있도록 줄기도 곧고 긴 모습의 무생물로 변형시켰다. 그리고 1년 내내 꽃이 피도록 육성했다. 식물의 꽃이 피는 시기도 인간이 정해둔 것이다. 우리 마음에 드는 캐릭터로 다듬어지는 과정에서 식물의 개화가 가진 가치와 꽃을 매개하는 곤충, 정향을 떠올리게 하는 특유의 향기, 매력적인 줄기의 곡선과 잎, 열매까지 무참히 지워지고 말았다.

카네이션이 속한 패랭이꽃속의 속명 디안투스^{Dianthus}는 그리스어로 '신의 꽃'을 의미한다. 성스러운 식물로서 추앙하기 위해

명명됐지만, 지금 내게 이 속명은 스스로 신이 된 인간의 꽃이라
는 의미로밖에는 보이지 않는다.

카네이션 원종의 꽃 색은 보랏빛이 도는
분홍색이지만 개량을 통해 빨간색, 노란색, 주황색,
녹색, 검은색, 푸른색의 카네이션이 탄생했다.

우리나라에 분포하는 패랭이꽃속에는 패랭이꽃,
술패랭이꽃, 샛패랭이꽃 등이 있다. 그림은 패랭이꽃.

호우의 시대, 녹지의 역할

장마철이 되면 마음이 초조해진다. 어릴 적 호우 피해를 겪은 후로 쭉 그래왔다. 1998년 경기북부 지역에 내린 폭우로 동네를 지나는 하천이 범람했고, 우리 집도 물에 잠겼다. 우리 가족은 친척 집으로 피신했고, 비가 그친 다음 날 집으로 돌아왔을 때 동네는 그야말로 엉망이 되어 있었다.

차와 건축 자재들이 떠내려가 겹겹이 쌓여 있고 나무는 쓰러졌으며, 집 안에 들이닥친 흙탕물은 종아리까지 차 있었다. 우리 가족은 몇 날 며칠 물을 집 밖으로 퍼나르기를 반복했고 몇 달간 집을 정비해야 했다. 그해 두어 번 홍수를 더 겪고, 하천을 따라 높은 둑이 세워졌다. 그 후로 더 이상 동네에 호우 피해는 생기지 않았다.

홍수 이후 지방자치단체에서 피해 현황을 조사하고 동네를 재정비한다고 떠들썩할 때 동네 어른들이 모여 했던 말을 기억한다. 하천 주변 유원지의 나무들이 물길을 가로막아 물이 흐르는 속도를 늦추는 바람에 그나마 동네의 차와 집이 많이 떠내려가지 않았다고. 당시는 나무에까지 관심을 가질 만한 상황이 아니라 그냥 지나쳤으나 지금 돌아보면 하천 주변의 거대한 버드나무와 이태리포플러 군락을 가리킨 말이 아닐까 싶다.

하천에 둑이 세워진 후 1998년도보다 더 많은 비가 내리고도 홍수를 겪지 않게 되면서 나는 한 가지 사실을 깨달았다. 인류가 당장 일어날 자연재해를 막을 수는 없을지언정 우리가 가진 기술과 시간으로 재해 피해를 최소화할 수는 있다는 것을 말이다.

한 가지 방법으로 나무의 힘에 기댈 수 있다. 숲은 관리를 어떻게 하느냐에 따라 산불 확산을 줄일 수도, 빗물을 막아낼 수도 있다. 미국 농무부는 일반적인 중간 크기 나무 한 그루가 연간 약 9,000리터의 빗물을 차단한다는 연구 결과도 내놨다. 나는 숲에서 우산을 쓴 적이 없다. 아무리 비가 많이 내려도 나뭇잎과 가지가 땅에 떨어지는 비의 양을 줄여주고 속도를 늦춰 보슬비처럼 느껴지게 만들기 때문이다. 숲에서 도시로 돌아와 습관처럼 우산을 쓰지 않고 걷다가 거센 비에 놀란 적이 많다.

실제로 나무는 빗물을 차단하고, 빗물이 땅에 닿는 속도를 늦추어 최대 30퍼센트의 수분을 공중에 증발시키는 역할을 한다. 잎과 가지만 빗물을 흡수하는 것이 아니다. 나무의 뿌리는 땅속으로 빗물이 스며들도록 돕는다.

종종 도심에서는 적은 비에도 물이 범람하는 일이 생긴다. 이 현상의 궁극적 원인은 도심의 바닥이 흙이 아닌 아스팔트와 콘크리트로 이뤄져 있기 때문이다. 우리의 편리를 위해 깔아놓은 아스팔트와 콘크리트는 물을 흡수하지 못한다. 배수구가 필요한 이유다. 그리고 인위적으로 만들어둔 배수 시스템이 제대로 작동하지 않을 때 빗물은 고스란히 아스팔트와 콘크리트 위로 쌓이게 된다.

그러나 흙은 빗물을 빠르게 흡수한다. 게다가 빗물은 흙만 있는 땅보다 나무가 심어진 흙에서 수백 배 빠른 속도로 뿌리를 통해 흙 속 깊숙이 스며든다. 스며들지 못하고 남은 빗물만이 바닥

표면으로 흘러 하천과 강으로 유입된다. 바닥이 흙일 때 하천에 유입되는 빗물은 콘크리트와 아스팔트에서 흘러오는 양보다 60 퍼센트 이상 적기 때문에 하천 범람 확률도 줄어든다.

통계에 따르면 지난 6년간 우리나라에서 호우 피해를 본 시설 가운데 93퍼센트가 지방하천이라고 한다. 나무는 하천이 범람한 후에도 물이 흐르는 속도를 늦추고 둑이 터질 위험도 줄여준다. 애초에 해가 갈수록 비가 많이 내리고 호우가 잦은 이유는 해수면 이 상승하고 기후가 따뜻해지면서 대기 중 수분이 증가하기 때문 인데, 이를 해결하는 열쇠 역시 나무를 심는 것이다.

국내외로 폭우가 잦아지며 주목받는 정원 양식 중에는 빗물 정원이 있다. 빗물 정원은 빗물을 땅으로 흡수, 배수시키는 얕은 분지 형태의 정원이다. 2000년대 이후 우리나라 도심에도 빗물 정원이 조성됐으나 워낙 수분, 양분이 풍부한 환경이다 보니 잡 초가 많이 자라 관리가 안 돼 천덕꾸러기 신세가 된 곳이 많다. 그 러나 유지 관리만 잘된다면 앞으로 도심에서 중요한 역할을 할 것이다.

25여 년 전 내가 살던 지역에서는 홍수 피해를 겪은 후에야 대 책을 마련했지만, 피해를 겪지 않고도 미리 위험을 대비하는 사람 들도 있을 것이고, 재해를 보고도 남의 일인 양 위험을 실감하지 못하는 사람들도 있을 것이다. 자연재해의 피해를 최소화하는 쟁 점은 기술과 시간 그리고 예산 이전에, 겸손과 오만 사이에서 자 연을 마주하는 우리 마음에 달려 있지 않나 싶다.

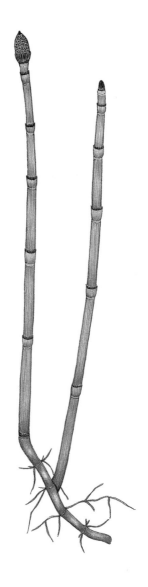

기후변화로 인해 폭우가 잦아지면서 울창한 나무숲과
얕은 분지 형태의 빗물 정원 등 자연형 빗물 관리
시설이 필요해졌다. 물에 내성이 좋은 톱풀, 구절초,
속새는 빗물 정원에 심기 좋다.

가로수를 향한 두 가지 마음

내가 다니던 초등학교 운동장에는 눈에 띄게 큰 나무 한 그루가 있었다. 그 주변은 늘 사람들로 붐볐다. 조회를 하러온 선생님과 학생들, 운동장에서 축구를 하다가 그늘을 찾아온 어린이…. 나의 담임 선생님은 학교에서 가장 인기가 많은 이 나무의 이름이 플라타너스라고 알려주셨다. 높은 수고만큼 또 너른 그늘만큼 많은 사람을 포용해준 나무. 그러나 몇 달 전 초등학교를 지나다 새 건축물이 운동장에 들어서면서 어릴 적 기억 속 플라타너스가 베어졌다는 사실을 알게 됐다. 더는 그 나무의 행방을 알 수 없다.

대학교 수목학 수업 때 서울시의 가로수를 조사하며 플라타너스를 다시 만났다. 그러나 가로수인 플라타너스는 내가 학교에서 보았던 모습과는 사뭇 달랐다. 수형이 과하게 규칙적으로 전정돼 있고, 수고도 학교의 것만큼 높지 않았다. 학교의 플라타너스를 볼 때면 늘 고마운 마음뿐이었는데, 가로수인 플라타너스에게는 매번 미안한 마음만 든다.

2020년 서울시 가로수 현황 통계를 보면 서울시에 식재된 가로수 중 은행나무가 34퍼센트로 가장 많고, 그다음으로 플라타너스라 불리는 양버즘나무가 19.6퍼센트를 차지한다. 구에 따라 양버즘나무가 전체 가로수의 30퍼센트 이상을 차지하는 곳도 있다.

사실 양버즘나무와 플라타너스는 조금 다르다. 플라타너스는 양버즘나무가 속한 속을 총칭하며, 해당 속에는 버즘나무와 양버즘나무, 단풍버즘나무 등이 있다.

북미 원산의 양버즘나무가 우리나라에 도입돼 식재된 이유는 오염된 도시 환경에 마침맞은 나무이기 때문이다. 수고가 높아 너른 그늘을 만들어주며, 대기오염 물질을 흡수하는 능력이 뛰어나고, 지반 온도와 수질도 조절한다. 그래서 이들은 우리나라뿐만 아니라 영국, 미국 등 세계의 가로수로 널리 심어졌다. 1920년대까지만 해도 영국 런던 시내의 가로수 60퍼센트 이상이 양버즘나무였다.

그러나 심고 보니 뿌리가 얕게 자라 콘크리트와 시멘트를 깨뜨리고, 너무 빨리 자라는 바람에 크고 오래된 개체가 자연재해에 쓰러지기도 해 최근에는 가로수로 식재하지 않는 추세다. 우리나라의 경우 도로와 인도 폭에 비해 양버즘나무의 수고가 높고 너비도 넓다 보니 나무의 생장속도를 예상해 미리 전정하는 경우를 자주 본다.

추하게 전정된 가로수를 본 시민들은 지자체의 가로수 관리가 잘못됐다고 말하지만, 나는 이것이 지자체의 책임이라고만은 생각하지 않는다. 우리의 요구에 따른 결과다. 가로수 관련 민원 중에는 나무가 간판과 햇빛, 시야를 가리니 조치를 취해달라거나 가을에 떨어지는 낙엽이 너무 지저분하다거나 곤충이 꼬이는 게 싫다는 등 의견이 다양하다. 사람들의 불만을 해소하다 보면 나무를 과하게 전정할 수밖에 없다.

그러나 가로수가 간판과 햇빛을 가릴 정도로 잘 자라는 것은 양버즘나무가 삭막한 도시 풍경을 빠르게 녹색으로 물들이는

장점에 따른 결과다. 또 식물은 좋은데 식물의 삶에서 뗄 수 없
는 매개 동물인 곤충은 싫다는 건, 생물을 이해하지 못하고 있다
는 이야기일 뿐이다. 가을에 떨어지는 낙엽은 식물 삶의 자연스
러운 과정이다. 이들의 유난히 큰 잎은 공해와 온난화로부터 우
리를 지켜준다.

　우리는 두 가지의 마음을 갖고 있는 것 같다. 높고 푸른 양버
즘나무는 좋지만 이것이 내 시야를 가리는 건 싫은 마음, 은행나
무를 보는 건 좋지만 열매 냄새는 싫은 마음, 푸르른 도시 환경을
원하면서도 부동산 가격을 위해 내 아파트 주변만큼은 개발되길
바라는 마음. 우리는 남의 손을 빌려 나무를 깎고 없애면서도 입
으로는 식물을 좋아하고, 나무를 심어야 한다고 말한다.

　그리고 인간은 이렇게 제멋대로 굴면서도 상대에게 마음에
들지 않는 구석이 아주 조금이라도 있으면 용납하지 않고 상대를
처참히 버리고 죽인다. 우리 주변에 식재됐다가 베어지는 식물들,
입양 혹은 분양됐다가 버려지는 동물들을 볼 때면 지구 최악의 생
태계 교란종은 호모 사피엔스, 인간이라는 생각이 들 때가 많다.

　얼마 전 서울의 모 터미널 앞에서 기둥만 댕강 남은 은행나무
몇 그루를 보았다. 이건 도저히 살아 있는 생물이라고 생각할 수
없는 형태였다. 상가 가까이에 있는 걸로 보아 나무가 가게 간판
을 가리거나 출입구를 막아 아예 나무 위 기둥을 잘라낸 듯 보였
다. 이 정도라면 나무가 아예 죽기를 바란 듯한데, 안타깝게도 나
무는 살아남아 햇빛을 따라 기둥 윗부분에 잔줄기를 뻗어 잎을 내
고 있었다. 이리도 강한 자연의 생명력과 인내심은 아무래도 우리
인간에게 너무 과분하다는 생각이 든다.

흔히 '플라타너스'라고 불리는 양버즘나무. 높이 30미터 이상 자라며 넓은 잎을 가지고 있어 그늘을 만들어주는 식물로서 세계 여러 도시에 식재됐다.

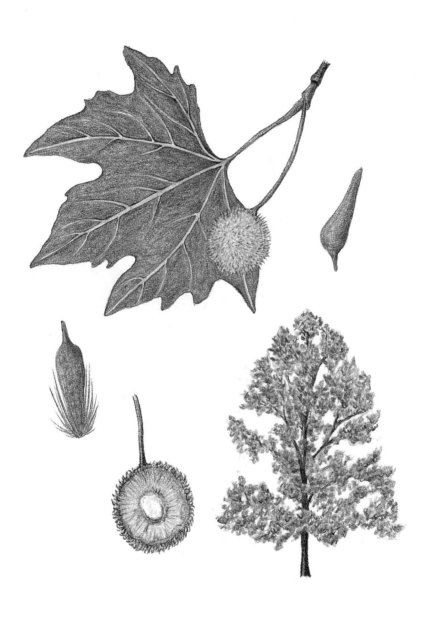

화려한 화단과 척박한 땅 사이에서

유년 시절의 추억 속 식물을 떠올려본다. 우리 집 거실에 있던 소철 화분과 보라매공원에서 본 붉고 노란 튤립. 내 어린 시절 기억 속의 식물은 대부분 재배식물이다. 서울에서 나고 자랐으니 당연한 일이라고 생각해왔다.

지난여름 친구들과의 단체 대화창에 닭의장풀 꽃 사진을 올렸더니 친구 하나가 어릴 적 이 식물을 잉크꽃이라 불렀다고 했다. 1980년대 중반 경기도 양평에서 나고 자란 친구는 자신이 식물에 딱히 관심 있던 것은 아니지만 닭의장풀, 애기똥풀, 하늘타리와 같은 들풀을 자주 봐온 터라 자연스레 들풀 이름을 많이 알게 되었다고 말했다.

친구와 나는 같은 시기 50킬로미터도 안 되는 가까운 거리에 살았지만 서로 다른 식물에 둘러싸여 있었다. 재배식물을 보아온 나와 자생식물을 보아온 친구 사이에는 각자가 살아온 땅의 간극이 분명 존재했다.

일정 장소에 모여 사는 식물군, 식생 차이를 결정짓는 가장 큰 요인은 기후와 토양, 지형이다. 남미의 사막에 사는 식물과 우리나라에 사는 식물이 다르고, 내가 사는 경기도와 제주도에서 볼 수 있는 식물도 다르다. 그러나 바로 지금 우리가 사는 땅의 식생 차이는 자연적인 요인보다는 인위적인 개발의 영향이 훨씬 커 보인다.

지난해 서울의 한 초등학교에서 어린이들과 식물 수업을 하던 중 제철을 맞은 앵도나무 이야기를 꺼냈다. 한참 앵도나무에 대해 이야기하는데 어린이들이 의아한 표정을 지었다. 이유를 물으니 학생 3분의 2가 앵두를 모른다는 것이다. 집으로 돌아오며 가만히 앵도나무를 되뇌었다. 내가 어릴 때만 해도 앵도나무는 도시 주택의 정원수로 흔히 심어져왔다. 그러나 도시에 아파트가 들어서며 앵도나무는 뽑히고 베어져, 이제 이들은 서울 공원이나 대형 정원 혹은 경기도 외곽에서나 볼 수 있는 나무가 되었다. 우리가 고층 건물을 짓느라 앵도나무를 도시 밖으로 내쫓은 셈이다.

앵도나무와 감나무, 할미꽃이 있던 도시 주택가는 콘크리트와 시멘트를 부어 만든 새 아파트와 외국에서 육성된 이름 모를 외래 식물이 가득한 화단이 되었다. 앵도나무가 있기 전의 땅에는 또 다른 고유 식물들이 살아왔을 것이다. 지루하고 지저분한 것은 멀리 내쫓고, 새롭고 깨끗한 존재를 내 가까이에 들여놓는 일의 반복이야말로 지금껏 인류가 해온 일이다.

가끔 도심 화단을 지날 때면 식재된 식물종의 다양성과 화려함에 놀라곤 한다. 생소한 품종의 다알리아, 해바라기, 튤립 외에도 범부채와 나리, 상사화와 같은 야생화 그리고 민트, 로즈메리 등의 허브식물도 볼 수 있다. 예산이 넉넉한 지역일수록, 주민의 미감이 까다로울수록 그에 맞게 화단 생태계는 발전한다.

우리에게 여전히 이용되지만 더 이상 도시 식물로서의 모습을 볼 수 없게 된 앵도나무와 감나무 그리고 그 외의 채소와 과일의 행방을 생각해보자. 서울에서 차로 10분도 걸리지 않는 경기도 외곽, 지금 내가 사는 지역에는 크고 작은 공장과 택배회사, 갖가지 채소를 재배하는 비닐하우스 농장이 즐비하다. 신선한 상태의 식재료를 서울에 공급하고, 저렴한 비용으로 서울에 생활용품을 유통하기 위해서는 서울에서 가까운 경기도 외곽에 농장과 공장을 지어야 했다. 가끔 이곳은 서울을 위해 존재하는 동네처럼 느껴질 때가 있다.

물론 처음부터 이런 곳은 아니었다. 어릴 적 아버지의 고향인 이곳을 방문했을 때만 해도 그저 평범한 농촌 마을이었으나, 이제 귀한 야생화나 여유로운 농촌 풍경 대신 트럭 무게에 깨진 콘크리트 사이를 비집고 나온 잡초들이 무성하다.

물론 우리 지역이 도시 조경 관리에 소홀한 것으로 보이진 않는다. 십여 년 전, '공장지대'가 된 초기만 해도 봄이 되면 지자체에서 길가 화단에 대대적으로 화려한 재배식물 모종을 심는 걸 볼 수 있었다. 그러나 거대한 트럭들이 오가며 내뿜는 매연과 뜨거운 바람과 쓰레기 때문에 화단의 꽃이 잘 자라지 못하다 보니, 이제 지자체에서는 화단에 맥문동과 팬지처럼 환경의 영향을 크게 받지 않는 생존력이 강한 소수 종의 식물만을 심게 되었다. 흙이 노출된 땅에는 오염된 환경에서도 비교적 잘 자라는 애기똥풀, 딱지꽃, 지칭개와 같은 들풀이 건조한 모습으로 생장하고 있다. 동네 사람들이 매일 만나는 식물 풍경이다.

내 눈앞에 화려한 재배식물 화단이 존재하기 위해서는 보이지 않는 곳에 생존력이 강한 식물만이 살아갈 수 있는 오염된 땅도 존재해야 한다는 것을 경기도 외곽의 어느 동네를 산책하며 깨달았다.

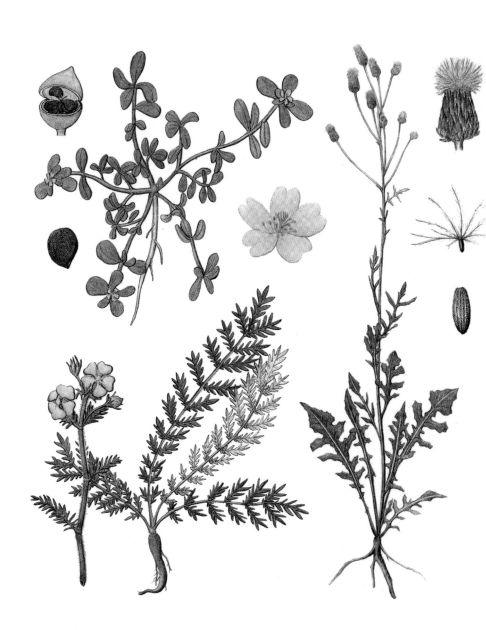

내가 사는 경기 남양주시 다산동 주변을 산책하며 발견한 식물들. 왼쪽 위부터 시계방향으로 쇠비름, 지칭개, 딱지꽃이다. 모두 건조하고 척박한 환경에서 생육하는 들풀이다.

어린이를 위한 학교 식물

　식물세밀화를 그리면서 스스로 다짐한 것 중 하나는 어린이를 위한 교육만큼은 자주 하자는 것이다. 내 어린 시절을 돌이켜 보면 나무 한 그루와 풀 한 포기를 관찰했던 경험이 자연을 이해하는 데 큰 도움이 됐다. 더구나 지금 시대의 어린이들은 내 어린 시절보다도 다양한 식물을 만날 기회가 적다. 아파트를 짓고 도로를 내느라 뒷동산은 사라져가고, 인공적으로 만든 도시 화단에서는 늘 비슷한 식물만을 볼 수 있다. 그래서 더더욱 어린이들에게 식물을 그리는 시간이 필요하다. 식물을 그림으로 기록하기 위해서는 식물이 사는 곳, 자연 안으로 들어가야 하기 때문이다.

　최근 몇 년간 개인 작업량이 많아지면서 예전만큼 어린이 교육을 자주 하지는 못하지만, 여전히 열정적인 교사들로부터 교정의 식물을 그림으로 그리는 수업을 해달라는 요청을 종종 받는다. 그렇게 수업을 진행하다 보면 학생들이 생각보다 학교에 사는 식물에 관심이 많다는 것을 알 수 있다.

　본격적인 수업 전에 '학교 정원 나무 중 특별히 좋아하는 나무가 있는지' 묻는다. 한 학생은 "정문 옆에 있는 나무는 잎이 되게 큰데 가을에 노랗게 물들어요"라며 특정 개체의 특성을 설명하기도 하고, 또 다른 학생은 "학교에 무궁화가 있어요"라고 교정의 식물명을 정확히 말하기도 한다.

선생님들은 내게 수업을 제안할 때 "우리 학교 교정에 나무가 그다지 많진 않은데, 그래도 괜찮을까요?"라고 자신 없는 목소리로 말하기도 한다. 그런데 막상 학교에 가서 교정을 돌아보면 수십 종의 식물 목록을 기재하게 되고, 이토록 많은 식물이 학교에 있었다며 우리 모두 놀란다. 오래된 학교일수록 나무는 우거지고 식물은 다양하다.

우리나라 초등학교 화단의 나무를 분석한 2007년 연구에 따르면 학교당 평균 41종의 나무가 식재돼 있다고 한다. 학교 화단이라고 해서 특별한 나무가 크는 건 아니다. 개교 당시 주요 조경식물을 심은 것뿐이고, 이것은 관공서와 공공빌딩 화단의 경우도 마찬가지다. 또한 산철쭉, 사철나무, 느티나무, 단풍나무, 은행나무, 소나무, 회양목의 경우 80퍼센트 이상의 초등학교에 한 그루 이상은 꼭 있다는 사실을 알 수 있다. '학교 교정의 필수 나무' 중에는 향나무속 두 종인 향나무와 가이즈카향나무도 눈에 띈다. 나역시 매번 학교 수업 때마다 향나무에 관해 설명해야 했다.

향나무는 이름대로 독특한 향이 나서 향을 피울 때 쓰는 나무다. 지금이야 향을 사서 쓰지만, 옛날에는 향나무 가지를 이용했다. 제사를 많이 지내던 절이나 궁궐에는 향나무가 참 많다. 1970~90년대엔 향나무가 도시 조경수로 인기였다. 전정을 하면 원하는 형태로 수형을 만들 수 있고 특별한 관리가 필요하지도 않다. 교실 창가로 보이는 독특한 수형의 향나무는 내 학창 시절 속 학교 풍경만이 아니었던 것이다.

국립수목원 연구실에서 일하던 당시, 가이즈카향나무에 관한 문의가 자주 왔다. 이 나무는 1909년 이토 히로부미가 대구 달성 공원에 기념수로 심은 뒤 전국으로 퍼진 것으로 알려졌다. 때문에 관공서와 학교에선 가이즈카향나무를 베어내고 다른 바늘잎나무로 심어달라는 요청이 많았다.

그러나 가장 최근 연구를 보면 관공서와 학교에 가이즈카향나무가 주로 심어진 때는 1970년대다. 이토 히로부미가 달성공원에 향나무를 심은 때와 시기적 차이가 커서 큰 관련이 없다는 의견도 많다. 또한 가이즈카향나무가 일본 특산식물이거나 일본 원산의 향나무가 아니라 우리나라에도 분포하는 향나무 중 바늘잎만 있는 개체를 일본에서 육성해 만든 품종이고, 일본의 특정식물이 아닌 세계적으로 이용되는 조경수이기에 우리나라의 가이즈카향나무를 베어내는 것이 수십 년간 살아온 나무를 베는 것 이상의 의미가 있을까 싶다.

우리나라에서 볼 수 있는 향나무로는 대표종인 향나무와 섬향나무, 눈향나무, 곱향나무, 단천향나무, 연필향나무 등이 있다. 그중 눈향나무는 포복성이기 때문에 땅을 덮는 조경수로도 도시에서 자주 만날 수 있다.

학교에서 학생들과 향나무를 그릴 때에는 바늘잎과 비늘잎이 달린 가지 모두를 그려야 한다고 말한다. 향나무는 나무 한 그루에서 바늘잎과 비늘잎, 두 가지 형태의 잎이 난다. 멀리에서 향나무를 볼 때엔 인간이 만들어낸 수형만이 돋보이지만, 한 발짝 가까이 다가서면 향나무만이 가진 독특한 향과 잎의 다양성을 발견할 수 있다. 교정에 더욱 다양한 식물종이 식재되기를 바란다. 학교는 어린이와 청소년이 가장 오래 시간을 보내는 공간이기 때문이다.

향나무는 나무 한 그루에서 뾰족한 바늘잎과 기다란 비늘잎 두 가지 형태의 잎이
난다.

미래에도 팜유를 쓸 수 있을까

지난 주말 식당에서 밥을 먹는데 옆 테이블 학생들이 TV를 보며 서로에게 물었다. "팜유가 뭐야?" 학생들이 이런 질문을 나눈 이유는 MBC 예능 프로그램 〈나 혼자 산다〉에서 일종의 미식 모임 이름으로 '팜유'란 단어가 자주 언급됐기 때문이다.

팜유는 '야자나무'(Palm)와 한자 '기름 유'(油)의 합성어로, 세계적으로 가장 널리 이용되는 식물성 기름이다. 이 기름은 라면, 과자, 마가린, 초콜릿, 아이스크림처럼 우리가 늘 먹는 음식뿐만 아니라 샴푸, 치약, 립스틱 등 생필품에도 함유돼 있다. 미국 슈퍼마켓에서 판매되는 포장 음식의 50퍼센트 이상에 팜유가 들어 있다는 조사 결과도 있다.

팜유는 생산성이 좋아 최근 10년간 전 세계 수요가 2배 이상 증가한, 대체 불가능한 기름이다. 그러나 현재 이들은 식물계를 넘어 환경, 사회적으로 복합적인 문제를 안고 있다. 우리는 이쯤에서 팜유에 대해 제대로 알 필요가 있다.

팜유는 야자나무과의 식물인 기름야자 열매에서 추출한 기름이다. 이 식물의 국가표준식물목록상 추천명은 '엘라이이스 귀네엔시스'이지만, 이 글에서는 널리 통용되는 '기름야자'란 이름을 쓰기로 한다. 식물성 기름이라고 하면 일반적으로 씨앗에서 추출한 종자유를 떠올리기 쉽지만, 팜유는 열매의 과육에서 기름을 추출한다.

우리는 기름야자의 열매에서 두 가지 형태의 기름을 얻는다. 열매 과육을 압착해 얻는 팜유, 씨앗을 으깨 얻는 팜핵유. 기름야자 열매의 과육이 붉기 때문에 팜유는 붉은빛을 띠지만, 팜핵유는 일반 식용유처럼 투명한 빛을 띤다.

기름야자는 아프리카를 중심으로 분포한다. 그러나 나는 싱가포르 시내의 공원에서 이들이 관상용으로 식재된 모습을 보았다. 이들은 2세기 전 관상을 위해 유럽에 도입됐으나 현재는 오로지 인간에게 기름을 공급하기 위한 목적으로 심어진다. 게다가 이들 기름은 전 세계 인류가 사용하는 식물성 기름의 40퍼센트 이상을 차지하며 기름야자 한 그루는 매년 40킬로그램 이상의 기름을 생산한다.

팜유가 비교적 짧은 기간 동안 널리 쓰이게 된 것은 다른 기름에 비해 가성비가 월등히 좋기 때문이다. 1년 내내 열매를 맺는 데다 생산 비용이 적게 들고, 다른 기름 작물보다 4~10배 많은 기름을 생산할 수 있다. 게다가 액체 상태로 유통되는 다른 기름에 비해 팜유는 고체 상태로 유통할 수 있고 유통기한이 길다.

이토록 많은 장점을 갖고 있지만 팜유는 지속 가능한 기름이 될 수 없다. 우리는 팜유를 생산하기 위해 오래된 열대우림을 개간하고 태우며, 야생 동물 서식지를 파괴하고 있기 때문이다. 기업과 정부, 지역 간 갈등과 농장 내 노동 및 인권 침해 사례도 속출한다.

그러나 이렇게 많은 문제를 안고 있는 팜유의 대체재를 찾기도 어렵다. 근본적인 문제는 기름야자라는 식물에서 비롯된 것이 아니라 식물을 향한 인간의 탐욕에서 생긴 것이기 때문이다. 기름야자를 대체할 다른 식물이 생길지라도 같은 문제가 되풀이될 것이 뻔하다.

1974년 북한은 '기름작물'을 주제로 시리즈 우표를 발행했다. 나는 싱가포르 우체국에서 이 우표를 발견했다. 이 시리즈는 총 네 종의 식물로 구성돼 있는데 우리에게도 익숙한 참깨, 들깨, 해바라기 그리고 피마자라는 이름의 식물이다. 피마자는 우리말로 아주까리. 이들은 열대 원산의 기름작물로, 수십 년 전까지만 해도 우리나라에 곧잘 심어졌다. 내가 본 우표는 1974년에 발행된 것이지만 피마자는 여전히 북한의 주요 기름작물이다.

북한은 최근 기름 생산을 늘리기 위해 국민에게 피마자 재배를 적극적으로 권장하고 있다고 한다. 이상기후에 의한 자연재해, 러시아·우크라이나 전쟁 등으로 식용유 가격이 많이 올랐기 때문이다. 피마자 기름은 식용뿐만 아니라 공업 연료로써 전쟁 기구를 작동시키는 데에도 쓰인다. 북한에서는 무인기 가동을 위해 휘발유와 피마자를 섞어 쓴다고 한다.

인류는 다양한 방법으로 식물을 이용해왔다. 관상하고, 약으로 쓰고, 화장품을 만들기도 한다. 추출한 기름과 수액을 식용하기도 한다. 그리고 이 기름은 산업 기구나 전쟁 무기를 작동시키는 원료로도 쓰인다. 식물의 의도는 아닐지라도, 인류는 식물의 기름 없이 살아갈 수 없다.

말레이시아와 인도네시아의 기름야자, 캐나다의 유채, 러시아와 우크라이나의 해바라기, 스페인의 올리브나무는 인류에게 기름을 공급하기 위해 존재했다가 사라진다. 기름을 찾을 때마다 한 번쯤 떠올려주길 바란다. 이 기름을 생산하기 위해 심기고 길러지는, 압착돼 버려지는 식물의 이름을.

1974년 발행된 북한의 조선우표 기름 시리즈. 참깨, 들깨, 해바라기, 피마자 네 종이며, 북한에서는 피마자를 피마주라 부른다.

심은 지 3년 된 기름야자에는 열매가 다발로 달리기 시작한다. 1년 내내 수백 개의 열매를 수확할 수 있으며 열매의 기름 함량은 30~35퍼센트이다.

해바라기의 씨앗에서 추출된 기름인 해바라기유는 향이 강하지 않으며 발연점이 높아 요리에 주로 쓰인다.

의외의 봄나물들

한겨울 도시를 걷다 보면 화단 가장자리에서 타원형의 붉은 열매를 매단 나무를 만날 수 있다. 이들은 화살나무로, 회양목만큼 흔히 만날 수 있는 조경식물이다. 숲에 사는 개체는 3미터 이상까지 자라기도 하지만 도시 화단의 개체는 사람의 키보다 작게 전정돼 구역을 나누고 동선을 유도하는 역할을 한다.

화살나무는 가지에 붙은 날개 모양의 깃이 화살을 닮아 붙여진 이름이다. 이 독특한 화살 깃은 수십 미터의 거대한 나무들 사이에서 초식동물들의 공격에 취약한 작은 화살나무가 자신을 지키기 위해 만든 방패막이다. 화살 깃은 수베린 성분으로, 퍼석퍼석하고 달지도 않기 때문에 동물들은 화살나무를 먹기를 꺼린다. 음나무가 동물의 공격을 방어하기 위해 가지에 뾰족한 가시를 내보이는 것과 같은 원리다.

그러나 인간은 화살나무를 먹는다. 우리는 봄에 돋는 부드럽고 연한 화살나무 잎을 따서 데쳐 나물로 무친다. 이를 가리켜 '홑잎나물'이라 부르는데, 나물뿐만 아니라 잎을 밥에 넣어 짓거나 말려서 차로 마시기도 한다. 동물이 먹기 꺼리는 화살 깃 가지는 귀전우라는 한약재로도 쓴다.

화살나무는 나물의 정의를 다시금 생각하게 만든다. 나물은 흔히 산과 들 같은 야생에서 채취한 채소라고 일컬어지며, 나무가 아닌 풀로 한정될 때가 많다. 그러나 나물 중에는 재배식물도 있으며 풀뿐만 아니라 나무도 있다. 참나물, 미나리, 냉이, 달래 등 우리가 자주 먹는 대부분의 나물은 야생의 개체가 아닌 농장에서 집약적으로 재배돼 수확된 것이며, 화살나무 잎뿐만 아니라 봄에 먹는 두릅나무, 가죽나무, 옻나무, 다래나무, 오갈피나무 등의 어린순 또한 분명 나물이다.

따라서 나물을 '캔다'는 표현이라든지 허리를 굽혀 앉아 풀을 채취하는 모습으로 나물하는 풍경을 설명하는 것은 반만 맞다. 사전적 의미에서 나물은 '사람이 먹을 수 있는 풀이나 나뭇잎 따위를 통틀어 이르는 말'로, 허리를 세우고 저 높은 가지 끝에 달린 어린잎을 따는 모습 또한 나물하는 풍경인 셈이다.

봄꽃이 피기 시작할 즈음에 봄나물을 채취하기 위해 작은 봉지를 들고 산과 들로 향하는 사람들을 볼 수 있다. 어느 해의 이른 봄, 경기도 포천 야산에서 제비꽃을 발견하고서는 가까이에서 꽃 사진을 찍는 나에게 한 어르신이 다가와 물었다. "사진 다 찍었어요?"

내가 질문의 연유를 여쭤보니 그는 제비꽃 잎을 채취하려던 참이라고 말했다. 막 피어난 어린 제비꽃잎을 뜨거운 물에 데쳐 나물해 먹을 것이라며. 우리는 같은 시간 같은 제비꽃을 보면서도 서로 다른 부위를 바라보고, 또 서로 다른 생각을 하고 있었다.

제비꽃, 꽃마리, 꽃다지, 개별꽃, 괭이밥 등 봄에 우리 주변에서 흔히 나는 들풀 또한 나물이 될 수 있다. 보통은 어린순을 뜯어 데친 후 양념하거나 장아찌로 만든다. 쑥 또한 대표적인 봄나물이지만 봄이 지나면 잡초로 통한다. 쑥이 그나마 주목받는 계

286

절은 꽃이나 열매가 필 때가 아닌 초봄, 어린잎을 먹을 수 있는 시기뿐이다.

나물을 채취한다는 것은 어쩔 수 없이 식물을 훼손하는 행위와 직결된다. 따라서 나물할 때 주의할 사항들이 있다. 우선 화단에 심긴 풀과 나뭇잎을 채취해 먹는 것은 위험하다. 중금속과 농약에 오염됐을 수도 있기 때문이다. 먹어서는 안 되는 식물종도 있다. 봄 물가 근처에서 노란 꽃을 피우는 동의나물과 피나물, 개발나물, 대나물, 윤판나물은 이름에 모두 '나물'이 들어가지만 독성이 있기에 먹어선 안 된다. 특히 동의나물은 구토, 발진, 설사, 호흡 곤란을 동반할 정도로 독성이 강하다.

진달래는 먹어도 괜찮지만 진달래와 비슷한 철쭉은 먹어선 안 된다. 진달래를 참꽃이라고 하고 철쭉을 개꽃이라 부르는 것은 인간이 먹을 수 있는 식물과 먹지 못하는 식물을 대하는 태도를 잘 보여준다. 또한 허가된 장소에서만 나물을 채취하며, 멸종위기식물과 특산식물, 희귀식물 등 특정 식물을 보호해야 할 의무가 있다.

나물은 우리를 시험하는 것 같기도 하다. 나물을 채취할 때에 가장 경계해야 할 것이 사람의 욕망이니 말이다. 더 많이 캐고자 하는 욕망, 더 귀한 종을 얻고자 하는 욕망. 욕심에 취해 숲속 더 깊이 들어갈수록 우리는 길을 잃고 헤매게 될 뿐이다. 우리에게 나물 한 접시 그 이상은 필요치 않다. 주어진 자원 안에서 만족을 느끼는 일. 이것이 나물하는 사람에게 가장 중요한 자격 조건이다.

두릅은 '어린순'이란 의미로, 초봄 두릅나무 가지에 난 어린잎을 따서 데쳐 나물로
먹는다. 여름에 흰 꽃이 피며 줄기와 잎에 가시가 있다.

화살나무 가지 일부는 화살 깃처럼 코르크질로
둘러싸여 있다. 봄에 돋는 새순을 홑잎나물이라
부르며 따서 데쳐 나물로 먹는다.

개암나무와 헤이즐넛의 관계

내 작업실은 서울 지하철 4호선 노선의 북쪽 끝자락에 위치한다. 역명과 같은 이 동네의 이름은 '진접'. '진'은 한자로 '개암나무 진'(榛)이다. 나는 과거 개암나무가 유난히 많았던 동네에 살고 있다. 이 동네에 온 지 오래됐지만 지명의 뜻을 알게 된 건 비교적 최근 일이다.

5년여 전 지역 농부들이 재배한 과일과 채소를 파는 로컬푸드 마켓이 동네에 생긴 뒤 그곳 과일 매대에서 개암나무 열매를 처음 봤다. 그 후 매해 비슷한 시기에 매대에서 그 열매를 만나볼 수 있었다. 식용하는 부위만 있는 게 아니라 나무에서 막 딴 형태로 온전히 포장되어 있어, 열매를 감싸는 포까지 함께 보였다. 다른 동네 마트에서는 잘 볼 수 없는 풍경이라 신기해 담당 직원에게 연유를 물어보니, 동네에 개암나무 농장이 많다는 정보를 알려주었다. 그렇게 개암나무의 출처를 찾다가 진접 지명의 연유를 깨닫는 단계까지 이른 것이다.

반가운 마음에 개암나무 열매를 얼른 사와서는 칼로 까서 생으로 먹어보았다. 두꺼운 열매를 칼로 가르면 연황색의 속살이 드러나는데, 그 속살은 매우 기름지고 고소한 맛이 난다. 옛날에는 이것을 가루 내어 죽을 쑤기도 하고, 기름을 내기도 했다고 한다.

전라, 경상 지역에서는 개암나무를 깨금, 깨암, 깨묵이라 부르기도 하는데 이 역시 고소한 맛이 난다는 의미를 담고 있다.

마트에서 개암나무 열매를 본 사람들은 꼭 한마디를 던진다. "이게 그 헤이즐넛인가?" 포장지에 '개암나무(헤이즐넛)'라고 쓰여 있기 때문이다. 헤이즐넛은 개암나무속 식물의 열매를 총칭한다. 이 가족은 전 세계에 14〜17종이 있고 우리나라에서 자생한다. 내가 마트에서 본 개암나무의 열매 역시 헤이즐넛이다. 다만 엄밀히 말해 마트의 개암나무 열매는 우리가 아는 헤이즐넛과는 조금 다르다. 커피, 초콜릿, 버터 등에 들어가는 헤이즐넛은 우리나라에 자생하는 개암나무가 아닌 유럽개암나무라는 종의 열매로 만들기 때문이다.

헤이즐넛은 이름 그대로 너트, 견과다. 견과는 식물학적으로 단일 종자이면서 과피가 단단하고 씨앗이 다 익어도 과피가 열리지 않는 건조한 열매로 정의된다. 껍질이 단단하며 씨앗을 방출하느라 스스로 깨지거나 벌어지지 않는 열매, 과피에 씨앗이 부착되고 융합된 상태라 우리가 기구를 이용해 껍질을 까야만 하는 밤과 도토리가 대표적인 견과다.

사람들은 평소 견과란 용어를 자주 사용한다. 견과류의 영양학적 효능이 널리 알려지며 일상에서 이들을 챙겨 먹는 사람들이 늘었기 때문이다. 아몬드, 땅콩, 호두, 잣, 마카다미아 등 딱딱한 껍질로 둘러싸인 크고 기름진 알맹이를 모두 견과류라 부른다. 그러나 이들이 식물학적 견과에 해당하는지는 구체적으로 짚어 볼 필요가 있다.

우선 땅콩은 나무가 아니라 풀에서 나며 열매 안에 씨앗이 여러 개이기 때문에 식물학적 견과라고 할 수 없다. 아몬드의 경우에도 다육질 과육이 씨앗을 둘러싸고 있기 때문에 견과가 아니다. 호두, 잣, 캐슈너트, 마카다미아, 피스타치오 모두 견과류라 불리지만 식물학적 정의의 견과로 분류되지 않는다. 다만 헤이즐넛은 식물학적 견과가 맞다. 참나무속 식물의 열매인 도토리 역시 견과다. 우리나라 산에 많은 밤나무의 열매, 밤과 비슷하지만 크기가 좀 더 큰 마로니에나무의 열매도 견과다.

견과의 계절이 시작되는 가을, 익어가는 열매를 올려다보며 지난 1년간 부지런히 살아온 나무가 대견해 보이는 한편 불안한 마음도 든다. 이때부터 산에서 밤과 도토리를 채취해가는 사람들을 자주 볼 수 있기 때문이다. 숲의 견과류는 숲에 사는 동물들이 겨우내 먹을 귀한 식량이다. 그렇지 않아도 인간의 훼손으로 인해 숲의 식량이 한참 줄었는데, 동물에게서 도토리마저 빼앗아 가는 건 너무 잔인한 일이다. 우리는 견과 없이도 살 수 있지만 숲의 생물들에게 견과는 춥고 긴 겨울을 나는 유일한 자원이다.

게다가 견과 열매들은 번식력이 좋다. 참나무속 식물들 아래에서는 떨어진 도토리로부터 발아해 자라난 작은 나무들을 쉽게 볼 수 있다. 동물들이 먹지 않은 견과 열매는 땅에 뿌리를 내려 큰 나무로 성장한다. 우리가 숲의 도토리 한 알을 탐내지 않고 지나친다는 것은 한 그루의 나무를 심는 일과 같다.

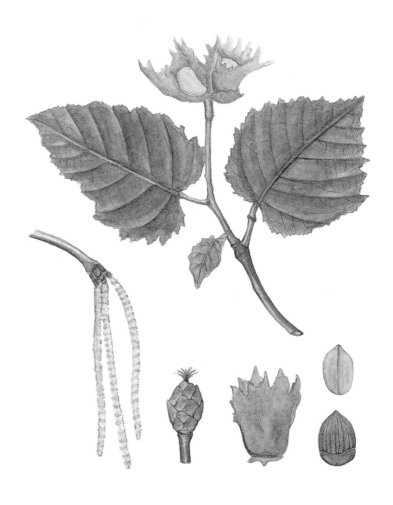

우리나라에 자생하는 개암나무. 8~9월 갈색으로 익은 열매의 단단한 껍질을 깨면
연황색의 고소한 속살이 나오는데 예부터 조상들은 이를 생으로 혹은 삶거나 구워
먹었다.

참나무속 식물의 열매인 도토리는 대표적인 견과다.
그림은 신갈나무의 열매.

크리스마스선인장의 정체

크리스마스 시즌이 되면 도시 곳곳에 진열된 크리스마스 장식물이 사람들의 마음을 설레게 한다. 그중 내 눈에 띄는 건 아무래도 식물이다. 며칠 전 방문한 화훼 상점에도 크리스마스를 상징하는 식물들이 매대 맨 앞에 진열되어 있었다. 상점에서는 거대한 트리 대신 작은 율마와 아라우카리아를 제안하고, 식탁과 테이블을 장식하는 분화로 크리스마스 상징이라고 할 수 있는 포인세티아를 진열해놓았다.

포인세티아 옆에는 선인장이 함께 놓여 있었다. 추운 겨울과 선인장은 언뜻 잘 연결되지 않는 것 같지만, '크리스마스선인장'이라는 맞춤한 이름으로 소개되고 있었다. 우리나라에서는 선인장이 꽃을 피우는 모습을 보기 어려운데, 이들은 한창 모종마다 줄기 끝에 꽃송이를 매달고 있었다.

'크리스마스선인장'으로 판매되고 있는 식물의 원래 이름은 가재발선인장이다. 이름처럼 녹색 줄기 마디 형태가 꼭 가재 발을 닮았다. 비슷한 이름으로는 게발선인장이 있는데, 게발선인장과 가재발선인장은 다른 종이다. 게발선인장은 가재발선인장보다 줄기 가장자리가 뭉뚝하며, 가재발선인장은 줄기 가장자리가 훨씬 뾰족하다. 줄기의 형태만 다른 것이 아니라 꽃의 형태와 꽃이 피는 시기까지 전혀 다르다.

그날 내가 본 것은 가재발선인장이었지만, 우리나라 화훼시장에서는 게발선인장과 가재발선인장 모두 크리스마스선인장이라는 이름으로 유통되고 있다. 이들이 크리스마스선인장이 된 이유는 아주 단순하다. 크리스마스 시즌에 꽃을 피우며, 꽃의 붉은 색과 녹색 줄기가 크리스마스를 상징하는 색이기 때문이다. 그런데 사실 본래의 크리스마스선인장은 게발선인장도, 가재발선인장도 아닌 다른 종이다.

유럽과 북미에서 부르는 '명절 선인장' 그룹이 있다. 게발선인장과 가재발선인장, 크리스마스선인장이 이에 포함된다. 명절 선인장의 가족명이라고 할 수 있는 슐룸베르게라속^{Schlumbergera}은 1816년쯤 영국의 식물학자이자 탐험가였던 앨런 커닝엄^{Allan Cunningham}에 의해 발견되어 유럽에 소개되고 재배되기 시작했다. 명절 선인장은 크게 추수감사절선인장과 크리스마스선인장, 부활절선인장 이렇게 세 종류로 나뉜다.

우리가 가재발선인장이라고 불러온 뾰족한 줄기의 식물, 슐룸베르게라 트룬카타종^{Schlumbergera truncata}은 추수감사절선인장이다. 이들은 9월부터 2월 사이에 꽃을 피운다. 그리고 진짜 크리스마스선인장이라고 할 수 있는 종은 게발선인장이나 가재발선인장이 아닌 슐룸베르게라 브리게시종^{schlumbergera bridgesii}이 원종이다. 식물학자들 중에는 슐룸베르게라 부클레이종^{Schlumbergera × buckleyi}이 진정한 크리스마스선인장이라 주장하는 이도 있는데, 그 내력에 관해서는 앞으로 더 연구해볼 일이다. 가장 보편적으로 알려진 대로 브리게시종이 원종이라면, 가재발선인장의 줄기보다 가장자리가 뭉툭하고, 게발선인장 줄기보다는 더 뾰족한, 중간 거치의 줄기를 가진 것이 진짜 크리스마스선인장이다. 이들도 9월에서 2월 사이에 꽃을 피운다.

부활절선인장은 우리나라에서 게발선인장이라 불리는 립살리돕시스 가이르트네리종*Rhipsalidopsis gaertneri*이다. 이들은 부활절 전후 4월부터 7월 사이에 꽃을 피운다. 그러니 크리스마스 장식용으로 12월에 게발선인장을 구입하고서는 꽃이 피지 않는다고 식물 탓을 해서는 곤란하다.

이렇듯 세 종의 명절 선인장은 서로 다른 종으로 원래 각자의 명절을 대표하고 있었지만, 현재는 서로 교잡, 개량되어 알 수 없는 내력을 가진 식물로서 존재한다. 우리나라에서는 크리스마스선인장이라는 이름 하나로 통칭돼 소개되고 있는가 하면, 북미와 유럽에서마저 식별되지 않은 채 유통되기도 한다.

사람들이 많이 찾는 식물일수록, 재배 역사가 오래된 식물일수록 정체를 알 수 없는 모습으로 변형돼 원종에서 멀어지기 십상이다. 이것은 크리스마스선인장뿐만 아니라 화훼산업 안의 모든 식물이 겪는 일이기도 하다.

식물을 재배한다는 것은 식물이 잘 살 수 있는 환경을 조성해준다는 의미다. 이때 우리가 반드시 알아야 할 두 가지는 식물의 정확한 이름과 원산지다. 앞서 이야기한 명절 선인장 세 종도 '선인장'이라는 이름 때문에 건조하고 더운 사막 원산일 것 같지만, 실상 이들은 브라질의 열대우림 원산이다. 나무와 바위에 착생해 자라는 이 식물들은 뿌리를 노출한 채 공기 중의 습기를 통해 수분을 흡수해왔다.

그러니 우리가 집에서 키울 때도 이와 같은 원산지의 환경을 조성해주어야 한다. 선인장이라고 해서 잎이 건조해질 때까지 물을 주지 않아서는 안 되고, 배수에 신경 써줘야 하는 것이다.

추수감사절선인장인 가재발선인장(왼쪽부터),
크리스마스선인장인 슐룸베르게라 브리게시,
부활절선인장인 개발선인장.

왜 식물에 낙서를 할까

'꺾지 마세요.' '들어가지 마세요.' '밟지 마세요.' '가져가지 마세요.'

산, 식물원, 공원, 정원 등 식물이 있는 장소에서 자주 볼 수 있는 경고 문구다. 나는 이런 문구들을 보면서 생각한다. 얼마나 많은 사람이 꽃을 꺾고, 화단에 들어가고, 식물을 밟았기에 굳이 품을 들여 경고문을 설치했을까 하고 말이다.

식물을 찾아다니다 보면 가끔은 이런 식의 경고문도 볼 수 있다. '낙서하지 마세요.' 건축물이나 시설물, 담벼락, 울타리 등지에서나 볼 수 있을 것 같은 이 문구가 식물들 사이에 있다. 우리는 식물에도 낙서를 한다.

내가 막 걷기 시작할 무렵부터 다닌 서울의 한 어린이공원에는 다육식물이 식재된 온실이 있다. 온실을 걷다 보면 '낙서하지 마세요'라고 적힌 안내문이 보인다. 그리고 주변에는 수많은 사람 이름과 기호 낙서로 덮인 보검선인장이 있다. 선인장 중 오푼티아속^{Opuntia} 무리가 있는 곳에서도 낙서를 자주 볼 수 있다.

지난겨울 다녀온 강원도의 자작나무 숲에서도 어김없이 낙서하지 말라는 경고문을 봤다. 직원이 말하길 자작나무 수피를 벗겨 가져가거나 아예 낙서할 펜이나 뾰족한 도구를 준비해오는 사람도 있다고 한다. 선인장의 줄기, 자작나무 수피와 대나무 줄기 모두 표면이 매끄럽고 면적이 넓으며 뾰족한 물건에 의해 쉽게 긁힌다는 공통점이 있다. 페인트나 펜도 필요 없다. 손톱과 뾰족한 돌, 나무조각만으로도 간단히 낙서를 할 수 있다.

인간, 호모 사피엔스는 훼손하기 좋을 만한 대상을 눈으로 고르는 데에 종 특유의 똑똑함을 발휘한다. 물론 식물에 낙서하는 건 최근의 사건도, 우리나라만의 특징도 아니다. 작년 선인장을 그리는 프로젝트를 진행하느라 남아공 케이프타운의 다육식물 자료를 찾다가 1883년 발간된 한 잡지에 실린 그림을 봤다. 그림 속에는 낙서로 덮인 부채선인장과 함께 젊은 남녀가 있는데, 남자가 선인장 잎에 무언가를 쓰고 있었다. 아마도 본인의 이름이나 옆에 있는 여성에 대한 사랑 고백 메시지일 것이다. 그림 아래에는 '희망봉에 자신의 이름을 남기다'란 문구가 쓰여 있다. 그림 속 풍경은 서울 남산에 있는 사랑의 열쇠와 크게 다르지 않다.

인류의 역사는 기록의 역사와도 같다. 우리는 자신의 존재를 알리기 위해서, 마음을 전달하기 위해서 혹은 스스로의 만족을 위해서 기록한다. 그리고 많은 것이 기록으로써 완성된다고 믿는다. 기록 도구는 종이나 전자기기 그리고 목재나 돌처럼 무생물인 경우가 많지만 간혹 살아 있는 생물인 경우도 있다. 동물의 피부, 식물의 수피, 잎, 줄기 등에 낙서하는 것은 인간 개인의 족적을 남기려는 기록 본연의 욕망에서 더 나아가 정복욕과 과시욕이 동반되는 행위다.

물론 식물 중에는 낙서하기 좋은 식물로서 발전해온 종도 있다. 우리나라에서 실내 분화로 흔히 재배되는 식물 크루시아의 영명은 '사인 나무'다. 보통 식물의 잎이 낙서판이 되기 곤란한 이유는 긁은 흔적대로 잎이 찢어지거나 변형되는 경우가 많기 때문인데, 크루시아는 긁힌 자국에 의해 잎 형태가 변형되지 않고, 시간이 지나면 자국이 더 선명해진다. 옛 남미 사람들은 이런 크루시아의 성격을 이용해 잎으로 카드놀이를 했다고도 한다. 식물원과 온실 중에는 종종 크루시아에 낙서하는 걸 허락하는 곳도 있는데, 이상하게도 오히려 낙서를 권하는 순간부터 사람들은 낙서하려고 들지 않는다고 한다.

이들이 사인 나무라는 영명을 갖게 된 것은 1898년 미국·스페인 전쟁 당시 미국 대통령이었던 윌리엄 매킨리 William McKinley가 쿠바 동부 산악에 파견된 아더 와그너 Arthur Wagner 장군에게 승패를 이끌 중요한 메시지를 크루시아 잎에 써서 전달한 것에서 유래했다고 알려진다. 워낙 이야기 만드는 데 능통한 나라에서 시작된 내용이라 조금은 과장된 것일 수도 있지만, 어쨌든 그렇게 크루시아는 사인 나무로서 전 세계에 알려지게 됐다.

크루시아 잎에 메시지를 써서 보낸 때로부터 백여 년이 지난 지금 우리에게는 고화질 사진, 고품질 녹음, 고용량 메모를 할 수 있는 휴대폰이 있고, 값싼 종이와 필기구도 있다. 굳이 선인장, 대나무, 자작나무에 낙서할 만한 이유가 없다는 걸 우리는 모두 알고 있다. 누구도 타인이 내 몸에 낙서하길 원하는 사람은 없을 것이다. 식물도 마찬가지다.

종종 사람들은 내게 오랫동안 식물만 보고 살면 가끔은 식물이 질리지 않냐고들 한다. 그러나 나는 오히려 식물을 공부할수록 식물에 대한 애정은 커지고, 이들 삶에 존경심이 든다. 내가 질리는 것은 식물에 비친 인간의 이기적인 모습뿐이다.

크루시아의 잎은 광택이 나고 두꺼우며, 잎을 긁으면 낙엽이 될 때까지 오래도록 긁힌 자국이 남아 서명이나 메시지를 남기는 용도로 이용돼왔다.

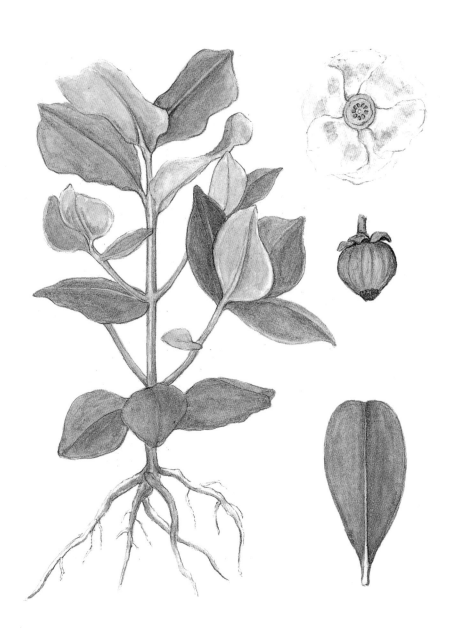

307

인류가 식물을 이동시키는 방법

　며칠 전 택배 하나를 받았다. 상자를 뜯으니 구겨진 신문지 사이에 식물이 들어 있었다. 그림 기록을 위해 한 식물원의 연구원이 채집해 보낸 구상나무였다. 가지는 물을 머금은 솜으로 둘러싸여 있었다. 식물이 배송되는 사이에도 싱싱하게 살아 있도록 애써 포장한 연구자의 정성이 느껴졌다.

　보통은 내가 직접 그려야 할 식물을 채집해 오지만, 일정상 멀리까지 가지 못하는 상황에는 종종 택배나 퀵서비스로 식물을 받곤 한다. 발신지가 우리나라라면 이르면 하루, 늦어도 사흘 만에 식물을 받을 수 있는 데다 추운 겨울에는 식물 호흡량도 적어 꼼꼼히 포장하면 작업실에 앉아 최상의 모습을 한 식물을 관찰할 수 있다.

　물론 내가 식물을 누군가에게 보내야 하는 일도 생긴다. 그럴 때 이동시간 동안 식물이 시들지 않도록 외부와의 접촉을 차단할 봉투에 포장하는데, 이러한 과정은 식물을 그림으로 그리거나 관찰할 때보다 더욱 세심한 손길이 요구된다. 식물은 환경에 예민하기 때문이다.

　미지의 식물이 인간에게 발견되고, 이름 붙여지고, 이용되는 긴 과정 동안 식물은 사람의 손에서 손으로 수없이 이동되어왔다.

나 역시 식물을 그리기 위해 산에서 식물을 발견하면 채집해 작업실로 가져오는데, 이때 중요한 것은 빠르게 이동하는 것이다. 식물은 자신이 뿌리내린 흙에서 분리되는 순간부터 시들기 시작하기 때문이다.

봉투에 식물을 넣은 다음 분무기로 봉투 안에 물을 뿌리고, 젖은 솜으로 뿌리를 감싸고 봉투를 밀폐해 작업실로 돌아가는 동안에도 서늘한 곳에 두고 신속히 이동 후 식물을 꺼낸다. 그러면서 나는 생각한다. 이렇게 편리하게 공기를 밀폐할 수 있는 봉지가 있어서 다행이고, 빠르게 이동할 수 있는 자동차와 비행기가 있어서 다행이라고 말이다. 그러면서도 한편 운송기술이 부족했던 과거에 식물을 연구하고 기록하느라 고생했을 연구자들을 떠올리기도 한다.

세계에서 가장 많은 식물을 이동시킨 이들은 영국인이다. 18세기 세계 곳곳에 파견된 영국 탐험가들은 남미, 남아프리카, 아시아 각 지역에서 만난 동식물을 영국으로 가져갔다. 그런 그들에게도 고민이 있었으니, 배에 태울 때만 해도 싱싱했던 식물들이 긴 항해 동안 시들고 말라 죽는다는 것이었다.

1919년 중국에 파견된 식물학자이자 의사인 존 리빙스턴^{John} Livingstone이 왕립런던학회에 보낸 편지에는 중국에서 1000개체의 식물을 배에 실어 영국에 보내더라도 한 개 정도만이 살아남을 거란 걱정이 담겨 있다. 편지를 받은 이는 식물을 흙에 심은 채 배에 싣고 원예가를 고용해 런던으로 오는 동안 식물을 재배하는 방법을 제안하기도 했다. 그러나 최후에 그들이 고안해낸 방법은 결국 밀폐된 상자에 공기와의 접촉을 차단해 식물을 담아 운송하는 것이었다. 이 상자는 현재의 온실과 테라리움의 전신인 '워디언 케이스'와 매우 흡사하다.

19세기 열렬한 식물 수집가였던 영국의 박물학자 너새니얼 워드Nathaniel Ward 박사는 당시 런던의 공기오염으로 인해 정원에서 재배하던 양치식물이 자꾸만 죽자 밀폐된 유리 항아리에 나방과 식물을 가둬놓았고, 항아리 안에서 싹이 자라난 것을 발견했다. 이 우연한 실험으로 밀폐된 병 안에서 식물이 살 수 있다는 믿음이 생겨, 식물이 자라는 데에 최적화된 병 형태를 개발하기에 이른다. 워드 박사의 이름을 따 이것을 워디언 케이스Wardian case라 부르기 시작했다.

영국인들은 당시 선풍적인 인기를 끌던 양치식물과 난과 식물뿐만 아니라 차나무, 고무나무류처럼 인류에게 경제적으로 유용한 식물 그리고 바나나, 망고와 같은 과일을 이 워디언 케이스에 넣어 영국으로 운송했다. 워디언 케이스 덕에 영국인들의 수집욕은 더욱 대담해져갔고, 이때 수집한 자원을 바탕으로 영국은 식물학 선진국이 됐다.

워디언 케이스는 운송의 역할에서 그치지 않았다. 아열대 기후에서 온 식물들은 영국의 척박한 환경에서 살아갈 수 없었기에 영국인들은 거대한 규모의 워디언 케이스라 할 수 있는 '온실'을 만들어 그 안에서 식물을 재배했다.

최근 작은 유리병에 이끼류와 양치식물을 재배하는 테라리움이 인기를 끌고 있다. 테라리움은 화분보다 이색적으로 보이는 데다 밀폐돼 있기 때문에 특별한 관리 없이 재배가 수월하다는 장점이 있다. 그러나 이 투명한 유리병 안에는 식물을 내 손안에 넣고자 하는 인간의 욕망이 담겨 있다. 병 안의 식물이 고향인 숲에서 살 때만큼 건강할까? 이 유리병은 식물을 죽지 않게 하기 위한 이동 수단일 뿐, 식물이 원하는 완전한 숲은 될 수 없다는 것을 우리 모두 이미 알고 있다.

19세기 영국은 중국의 세계 차 시장 독점을 의식해 2만여 개체의 차나무를 워디언
케이스에 넣어 중국에서 인도로 밀반출했고, 그렇게 중국의 차 독점은 깨졌다.
그림은 차나무.

과일의 왕, 파인애플의 위상

식물을 그림으로 기록하는 이유에 대해 종종 생각한다. 그것은 나와 같은 시공간에 사는 생물의 존재를 기억하고 싶어서이고 나아가 식물 한 종 한 종의 존재가 더 많은 사람들에게 기억됐으면 하는 바람도 있다. 나는 식물을 기록하지만 내 주변에는 읽은 책과 본 영화, 혹은 순간의 생각을 기록하는 이들도 있다. 서로 다른 목적과 방법으로 각자의 경험을 기록한다. 내가 요즘 부쩍 기록의 목적에 대해 생각하게 된 이유는 소셜미디어를 통해 매일같이 다양한 형태의 기록을 마주하기 때문이다. 그리고 그 기록 중에는 때마다 유독 사람들의 관심을 많이 받거나, 중복되어 기록되는 소재가 있게 마련이다.

몇 달 전 큐왕립식물원의 온라인 데이터를 찾다가 우연히 파인애플의 그림 기록이 다른 식물보다 유난히 많은 것을 확인했다. 그려진 시기와 작가, 기록된 방법과 식물의 부위마저 다양했다. 표본과 사진 기록의 양 또한 마찬가지였다. 데이터를 보려고 스크롤바를 이렇게 오래 내린 적이 있었던가. 유독 파인애플 기록이 많은 이유는 무엇일까 궁금했다.

이유는 단순했다. 파인애플이 과거 강대국이었던 영국과 스페인, 프랑스 등 유럽을 중심으로 성행했던 '메이저 식물'이기 때문이다. 유럽을 지배하던 많은 식물 중에서도 파인애플은 연구자들에 의해 학술 목적으로 그려지기보다 개인적으로 그려진 기록이 유난히 많다. 카를로스 2세, 루이 15세, 예카테리나 2세는 여러 기록에서 파인애플을 향한 애정을 드러냈고, 찰스 2세는 자신의 초상화에 파인애플을 등장시키기도 했다. 그는 이 과일에 '킹파인'King Pine이라는 이름을 붙여주었다.

지금은 스마트폰으로 큰 수고를 들이지 않고 사진을 찍을 수 있지만, 과거에 이미지를 기록한다는 것은 생각보다 고된 일이었다. 화가에게 돈을 지불하고, 오랜 시간을 기다려서야 완성된 그림을 받을 수 있었기 때문이다. 그럼에도 불구하고 파인애플 기록이 많다는 것은 이 식물이 당시 얼마나 특별했는지 예상케 한다.

남아메리카에서 재배되던 파인애플은 콜럼버스와 탐험가들에 의해 유럽으로 건너온 직후부터 이목을 끌기 시작했다. 함께 건너온 호박, 담배, 토마토는 유럽으로 오는 동안 썩거나 녹았지만, 파인애플은 채집 당시 모양 그대로 살아 있었기 때문이다. 콜럼버스는 파인애플을 두고 '모양과 색이 잣과 같으며 멜론보다 더 단단하다. 그리고 맛은 다른 어느 과일보다 뛰어나다'고 전했다고 한다.

파인애플은 이전에 먹어본 적 없는 달콤한 식물이기도 했다. 단맛을 내는 원료인 사탕수수조차 너무 비싸서 자주 먹지 못하던 유럽인들에게 파인애플은 그야말로 '과일의 왕'과 같은 존재였다. 그러나 이토록 수요가 많음에도 불구하고 아열대 원산의 이 식물은 유럽에서 도무지 재배가 되지 않았다. 권력자들은 천문학적인 비용을 들여 전용 재배 온실을 만들기 시작했고, 그렇게 2세기가 훌쩍 지나서야 온실이 완성됐다.

온실 재배에 성공하기까지 200년 이상 파인애플은 귀한 식물로서 호황기를 맞았다. 권력자들은 파인애플 하나를 사는 데에 현재 화폐 가치로 800만 원까지 지불했으며, 먹는 것조차 너무 아까운 나머지 식탁이나 테이블 위에 장식만 해두거나, 외출할 때 가방을 들듯이 파인애플을 팔에 얹고 다녔다. 관상용 식물을 넘어선 과시용 장식물이 돼버린 것이다. 심지어 현대의 명품 대여점처럼 파인애플 대여점이 성행했으며, 권력의 상징이 됐다. 왕관과 비슷한 파인애플의 형태가 이들을 소유한 사람을 왕으로 만들어줄 수 있을 것만 같았기 때문이다.

수많은 사람들에 의해 기록된 식물이지만, 나는 아직 파인애플을 그릴 기회가 없었다. 우리나라 주요 과일인 사과, 감, 배마저 불과 4년 전부터 본격적으로 그리기 시작했기 때문에, 우리나라 재배 현황조차 잘 알려지지 않은 이 과일을 벌써부터 그리려는 건 나의 욕심이란 걸 잘 알고 있다.

그러나 파인애플은 이미 우리나라에서 60년 전부터 재배된 식물이다. 1960년대 제주도에서 성공적으로 시험재배를 마친 후 1970년대 국내 재배를 시작했다. 당시 다른 과일을 두고 어려운 파인애플 재배를 시작한 것은 일반 농사 40배 이상의 수익을 올릴 수 있었기 때문이라고 한다. 지금도 제주도, 전라도 심지어 강원도에도 파인애플 농장이 있지만 수확량이 무척 적기에 우리가 먹는 것은 대부분 태국, 필리핀 등에서 재배된 수입산이다.

과거 800만 원에 달하던 킹파인은 이제 세계 어느 나라에서든 가장 편리하고 쉽게 구입할 수 있는 저렴한 통조림용 과일이 됐다. 과거 과시를 목적으로 기록된 그림이 현재에 와서는 인간의 과시욕이란 게 얼마나 허무하고 우스운 일인지를 보여주는 증거가 된다는 것이 참 서글플 뿐이다.

남아메리카에서 재배되던 파인애플이 세계에 알려지게 된 것은 콜럼버스에 의해 유럽으로 전해지면서부터다. 당시 사람들은 당도가 높고 저장성이 좋은 파인애플을 '과일의 왕'이라 불렀다. 탐험가들은 솔방울(파인)을 닮은 과일이라는 의미로, 파인애플이라 이름 붙였다.

319

식물과 더불어 행복하기

얼마 전 강의가 끝난 후 한 학생이 내게 다가와 질문이 있다며 휴대폰으로 찍은 식물 사진 하나를 보여주었다. 사진 속 식물은 잎이 시들어가고 있었다. 학생은 비싼 돈을 지불하고 유통명 몬스테라 알보라는 식물을 샀는데 처음 샀을 때보다 상태가 점점 안 좋아져 잎이 다 말랐다고 말을 꺼냈다.

나는 이전에도 몬스테라속의 희귀종과 관련해 사람들로부터 몇 차례 문의를 받은 적이 있었다. 공통된 내용은 모두들 식물을 예상보다 비싼 값에 구입했다는 것, 구입할 당시보다 현재 상태가 나빠졌다는 것이다.

몬스테라속 식물 중에도 알보^{albo}라는 이름으로 유통되는 종은 우리나라뿐만 아니라 외국에서도 수십만 원에서 수백만 원에 거래되는 대표적인 고가 식물이다. 이들이 재배가 어려운 것은 당연하다. 잎에 흰 무늬가 있는 이 식물은 광합성을 할 수 있는 녹색의 표면적이 적기 때문에 생장 속도가 다른 몬스테라속 식물보다 훨씬 느리고, 더 많은 햇빛을 필요로 하며 재배가 까다롭다. 이들이 비싼 이유는 우리가 알보를 좋아하는 이유, 이들이 우리 손에서 시들어가는 이유와 맞닿아 있다.

처음 식물을 구입할 때 식물이 내 손에서 시들 것을 예상하지 못한 것은 식물의 형태가 너무나 유혹적이기 때문이었을 것이다. 오로지 자의적으로 선택한 일이라면 그나마 낫다. 대부분의 사람들은 주변에서 알보가 비싸고 귀한 식물이라고 하니까 자신도 갖고 싶은 마음에 많은 비용을 지불하고 구입한다. 그러나 막상 이 식물에 관해 세밀하게 아는 바는 없으니, 재배에 곤란을 겪고 식물은 잎이 마르며 시들어간다. 우리는 비싸게 구입한 특별하고 이색적인 식물이 그렇게 비용이 든 만큼 유지도 어렵다는 사실을 인지하지 못하고, 식물을 사고 죽이는 실수를 반복한다.

이러한 소비자를 대상으로 구입을 유도하고 '식테크'(식물과 재테크의 합성어)를 권하는 이들도 문제다. 살아 있는 생물을 재테크에 이용하는 것이 과연 옳은 일일까? 만약 재테크를 위해 희귀한 품종의 동물을 번식시키고 비싼 가격에 되파는 산업이 존재한다면, 이에 대해서는 어떻게 생각하는가. 식테크 관련 당사자들은 식테크가 식물 문화를 확산시키는 데 도움이 된다고 말한다. 그러나 이런 방향의 식물 문화는 확산될 필요가 없을 뿐만 아니라, 길게 봐도 식물을 보존하려는 노력의 확산에 전혀 도움이 되지 않는다.

최근 조경이나 정원에 관한 사람들의 관심도 높아지고 있다. 얼마 전 정원 한곳을 둘러보다가 그곳을 조성한 실무자에게 식물을 어떻게 수집했는지 물었더니, 산에서 자생식물을 채취해 판매하는 이들에게서 구입했다고 답했다. 순간 나는 할 말을 잃었다. 그런데 상대는 그런 일쯤이야 일상인 듯 아름다운 정원이 더 많아지는 것이 중요하다고 이야기를 덧붙였다.

다들 식물 문화가 확대되길 바란다고 말하지만, 식물 문화의 확대는 그 자체가 목적이 될 수 없다. 문화의 확산은 과정일 뿐, 내 방 화분의 식물을 사랑하고 내 정원을 아끼려는 마음이 널리 퍼져 식물을 사랑하는 사람들이 많아지면, 그 이후의 목표는 내 소유의 식물만이 아닌 더 넓은 숲의 식물종 보존으로 향해야 한다.

우리나라의 식물 관련 연구기관들은 그동안 영국의 식물 연구와 문화를 롤모델로 삼아왔다. 그런 영국은 현재 식물 문화 확대가 아닌, 확산된 식물 문화를 기반으로 자생식물을 보존하기 위한 연구를 진행하고 있다. 그 과정에서 사람들은 외래종뿐이었던 화단에 영국의 토종작물을 심고, 자생식물 씨앗을 분양받아 자신의 정원을 공공의 숲처럼 일군다.

원예학을 공부하는 내게 원예는 자생식물을 해치는 일이라고 말하며 회의적인 시선으로 바라보는 사람들이 있었다. 식테크와 자생식물 채취 사례를 떠올리면 역시나 부끄러워지지만, 그렇다고 원예를 마냥 회피할 수도 없는 일이다. 우리가 먹는 식량, 약, 화장품, 건축물, 가구…. 모두 원예의 결과물이기 때문이다. 인류가 살기 위해 식물을 육성하고 이용하는 것을 피하기는 어렵다.

원예학의 궁극적인 목적은 식물을 많이 이용하고 문화를 확산시키는 것이 아니라, 식물과 인간이 더불어 행복할 수 있는 지점을 찾는 데에 있어야 한다. 그렇게 생각하면 식물을 수단으로 우리의 욕망을 충족하려고 하는 현재의 식테크와 같은 문화가 과연 식물과 사람의 조화로운 행복에 맞닿아 있는지, 꼭 필요한 일인지 의문이 들 수밖에 없다.

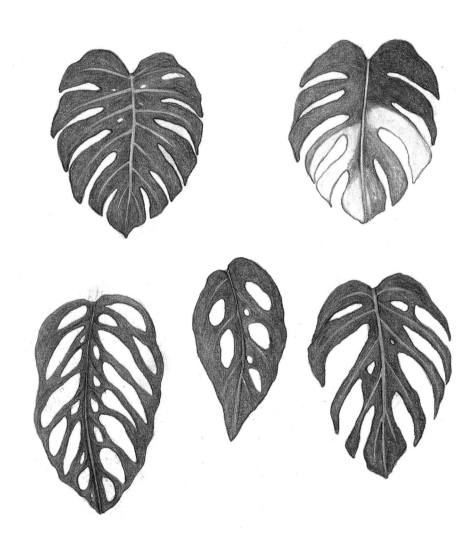

왼쪽 위부터 시계방향으로 몬스테라, 몬스테라 알보,
몬스테라 오블리쿠아, 몬스테라 스탠들리아나, 시에라나몬스테라,
몬스테라 아단소니, 몬스테라 에스쿠엘레토의 잎.

Misconceptions about plants

참고문헌

단행본

국립수목원,『라일락100』(국립수목원, 2014)

국립수목원,『약용식물원 식물식별길잡이』(국립수목원, 2019)

국립수목원,『한국식물 도해도감2-구과식물』(국립수목원, 2012)

농촌진흥청,『당근』(휴먼컬처아리랑, 2020)

농촌진흥청,『카네이션』(휴먼컬처아리랑, 2020)

박상진,『궁궐의 우리 나무』(눌와, 2014)

박승천 외 1인,『한국의 제비꽃』(모야모, 2017)

서울특별시 조경과,『서울시 가로수 현황 통계』(2017)

이창복,『대한식물도감』(향문사, 2003)

임경빈,『포플러 재배』(어문각, 1965)

조민제 외 5인,『한국 식물 이름의 유래』(심플라이프, 2021)

천리포수목원,『천리포수목원의 목련』(천리포수목원, 2017)

야마다 타카히코,『일본의 제비꽃』(타로지로사에디터스, 2019)

山田隆彦,『日本のスミレ』(太郎次郎社エディタス, 2019)

쓰카야 유이치,『스키마의 식물도감』(고이즈미제본소, 2014)

塚谷裕一,『スキマの植物図』(中央公論新社, 2014)

토미야마,『원종의 꽃들-1 튤립』(주식회사분이치종합출판, 2018)

富山,『原種の花たち -1 チューリップ』(株式会社 文一総合出版, 2018)

논문

공우석,〈한반도에 자생하는 소나무과 나무의 생물지리〉, 대한지리학회지 제41권 제
1호 통권 112호, 2006, pp.73-93

김계환 외 1인,〈칠엽수과 화분의 형태학적 연구〉, 한국산림과학회지 86권 2호, 1997

김미경 외 1인,〈천연발효에 의한 쪽염색 직물의 특성에 관한 연구〉, the Korean
Society of Knit Design, 2013. 11, pp.1-9

김현철 외 3인,〈한라산국립공원내 도로변 귀화식물의 분포특성〉,
한국환경생태학회지 21권, 3호, 2007, pp.278-289

주환희,〈體驗環境敎育場으로 활용하기 위한 初等學校 校庭樹木 조사 분석〉,
군산대학교 학위논문(석사), 2007

Cyrille Claudel, 〈Patterns and drivers of heat production in the plant genus Amorphophallus〉, The Plant Journal / Volume 115, Issue 4/, 2023, pp.874-894

Itzhak Khait, 〈Sounds emitted by plants under stress are airborne and informative〉, ARTICLE I VOLUME 186, ISSUE 7, 2023, pp.1328-1336.E10

Joon Seon LEE 외 9인, 〈Symplocarpus koreanus (Araceae; Orontioideae), a new species based on morphological and molecular data〉, Korean J. Pl. Taxon., 51(1): 1-9, 2021

Martino Adamo, 〈Plant scientists' research attention is skewed towards colourful, conspicuous and broadly distributed flowers〉, Nature Plants 7, 2021, pp.574-578

Phoebe H. Alitubeera, 〈Outbreak of Cyanide Poisoning Caused by Consumption of Cassava Flour〉, Morbidity and Mortality Weekly Report, 2017

Rebecca N. Johnson, 〈Adaptation and conservation insights from the koala genome〉, Nature Genetics 50, 2018, pp.1102-1111

Yue Xu, 〈Mitochondrial function modulates touch signalling in Arabidopsis thaliana〉, The Plant Journal / Volume 97, Issue 4 /, 2018, pp.623-645

식물에 관한 오해

Misconceptions about plants

초판 1쇄 인쇄 2024년 5월 8일
초판 1쇄 발행 2024년 5월 22일

지은이 이소영
펴낸이 최순영

출판1 본부장 한수미
컬처 팀장 박혜미
편집 박혜미
디자인 스튜디오 고민

펴낸곳 ㈜위즈덤하우스 **출판등록** 2000년 5월 23일 제13-1071호
주소 서울특별시 마포구 양화로 19 합정오피스빌딩 17층
전화 02) 2179-5600 **홈페이지** www.wisdomhouse.co.kr

ⓒ 이소영, 2024

ISBN 979-11-7171-199-4 (03480)